国家自然科学基金（51408375）：沈阳经济区工业遗产区域保护理论体系研究

沈阳经济区
工业遗产空间格局

哈 静 李 超 解思雨 著

华南理工大学出版社
SOUTH CHINA UNIVERSITY OF TECHNOLOGY PRESS
·广州·

图书在版编目（CIP）数据

沈阳经济区工业遗产空间格局 / 哈静，李超，解思雨著. —广州：华南理工大学
出版社，2017.9
（工业遗产丛书）
ISBN 978-7-5623-5250-1

Ⅰ.①沈…　Ⅱ.①哈…　②李…　③解…　Ⅲ.①经济区 – 工业建筑 – 文化遗产 –
研究 – 沈阳　Ⅳ.①TU27

中国版本图书馆 CIP 数据核字（2017）第 089775 号

沈阳经济区工业遗产空间格局

哈　静　李　超　解思雨　著

出 版 人：卢家明
出版发行：华南理工大学出版社
　　　　　（广州五山华南理工大学 17 号楼，邮编 510640）
　　　　　http://www.scutpress.com.cn　　E-mail: scutc13@scut.edu.cn
　　　　　营销部电话：020-87113487　87111048（传真）
策划编辑：赖淑华
责任编辑：骆　婷　黄丽谊
印 刷 者：广州市骏迪印务有限公司
开　　本：787mm×1092mm　1/16　印张：9.75　插页：1　字数：217 千
版　　次：2017 年 9 月第 1 版　2017 年 9 月第 1 次印刷
定　　价：98.00 元

前　言

　　沈阳经济区地处辽宁中部，以沈阳为中心，以大约一小时的交通里程为辐射半径，涵盖沈阳、抚顺、鞍山、营口、本溪、辽阳、铁岭、阜新八个城市，区域面积7.5万平方千米。2010年，沈阳经济区获国务院批准成为"国家新型工业化综合配套改革试验区"，成为目前我国唯一以"新型工业化"为主题的综合配套改革试验区。

　　沈阳经济区是东北地区经济发展的重要地域，工业文化特征显著。"东方鲁尔"沈阳是我国"一五"期间重点投资建成的老工业基地；钢都鞍山是我国最大的钢铁工业基地之一；石化之城抚顺是以能源、石化为主的综合性重工业城市；钢铁之城本溪是以钢铁、建材、化工为主的重工业城市；港口之城营口是以轻工为主的轻工业城市；新兴能源基地铁岭曾以"粮仓煤海"驰名全国；再加上煤电之城阜新、化纤之城辽阳，八城市在工业生产领域积淀了深厚的工业文化，遗留下众多工业遗产。

　　沈阳经济区工业遗产具有如下特征：一是各城市围绕沈阳集中分布，形成紧密的圈层结构，多个城市的崛起取代了单一极核的局面，中间层次城镇的增多，使城市空间在不断向区域性方向发展。而各城市工业遗产成区成片分布，根据空间邻近效应，比较容易发挥规模效益和集聚效益。二是沈阳经济区内区域性的交通设施及运输网络促进了工业遗产之间的联系。三是重工业特征显著，包括钢铁、煤炭等原材料工业，以及机器、机械、机车等生产资料工业，有些工业遗产存在一定相似性。四是不同时期形成的工业遗产特点不同，早期以矿业、军工等为代表，后期则以机械、化工、电力等为代表，与生产技术的发展趋向一致。五是各时期工业遗产具有鲜明的政治背景，如清末民初以官营、官商合营、官促民办为特点，日本占领时期则带有浓重的殖民经济色彩，而社会主义建设时期以公有经济、苏联援助为重点。

　　随着国际文化遗产保护范围的不断扩大——由单体文物到历史地段，再至整座城镇，其保护内容与方法逐渐复杂与深广。许多西方国家开展了整体性、区域化的遗产保护。遗产保护领域出现了遗产廊道、文化线路、遗产区域等理念，形成串联几座甚至几十座城市、纵贯或横穿一国或多国的遗产区

1

域，以解决自然及人文景观破碎化、遗产保护片段化的问题，从而使国际遗产保护的理念向区域性的方向发展。目前我国许多遗产项目也逐渐凸显对区域化保护的迫切需求。中国对工业遗产进行抢救性保护的研究迫在眉睫，对工业遗产区域的深入研究应运而生。

本书结合我国国情及沈阳经济区实际情况，从遗产区域角度研究沈阳经济区工业遗产空间格局。首先通过调查确定沈阳经济区工业遗产名录，对区域工业遗产进行数据处理，建立空间数据库。在此基础上从现存、历史、空间和产业四个方面对工业遗产现状进行系统分析。明确沈阳经济区从近代开始经历了四个工业发展时期，空间上呈现清晰点轴式布局、成区成片布局、历史渐进式布局和数量多但失衡发展的特征；产业上明确以煤化工、石化工、金属冶炼为主的三大产业链体系。其次，建立一个符合沈阳经济区工业遗产实际情况分层次（工业遗产—工业遗产集聚区）的综合价值评价体系。采用定量与定性相结合的方法对 207 个工业遗产进行价值评价，确定工业遗产 4 个等级。在此基础上对工业遗产进行密度分析，明确 33 个工业遗产集聚区，采用定性评价方法确定集聚区两个等级的价值内容。再次，以工业遗产综合价值评价为基础，对工业遗产及外围影响因素进行空间格局适宜性评价。选取遗产价值、地形地势、土地利用和道路交通四个评价指标作为影响因子，建立工业遗产空间格局适宜性评价模型。运用 GIS 空间分析技术，以最小累积阻力模型为研究方法，确定在工业遗产相互作用下各因子的阻力面，依据因子权重对所有因子阻力面进行叠加分析，最终得到工业遗产空间格局适宜性分布。最后，依据各工业遗产源之间联通强弱，采用重力模型分析和邻域分析技术方法，最终确定沈阳经济区形成"廊道、板块、节点"的空间格局，并对空间格局体系中各要素提出相应的规划策略。

希望本书的内容能对以后沈阳经济区工业遗产区域的保护与开发起到一定的参考作用。限于作者水平，书中如有疏漏和不妥之处，谨请广大读者不吝赐教。

编　者

2017 年 3 月

目 录

第 1 章

绪论

1.1 主要研究背景

1.1.1 辽宁省工业遗产保护工作迫在眉睫

近几年，珠三角、长三角经济开发区内各城市积极开展历史文化遗产的普查和登录工作，并制定专门有关历史文化保护技术管理规定，基本形成经济区内多层次的文化保护管理体系，整体上提升了区域内的文化品质并带动区域经济的提升。相对于珠三角和长三角，辽宁省尤其是沈阳经济区内各城市的遗产保护工作实施力度较弱，对区域内工业遗产资源没有进行系统统计，并且绝大部分遗存都是孤立存在的，工业遗产保护和利用多从个体或局部研究着手进行。近几年由于城镇化、工业化进程加快，许多具有重要历史、文化价值的工业遗产遭到破坏。近年，辽宁省已逐步认识到工业遗产保护的重要性，在 2014 年辽宁省召开了以"加强辽宁省工业遗产的保护和利用"为主题的政治协商会议，面对省、市各相关部门负责人，专家学者强调了遗产保护的重要性和现今保护工作的急迫性，并积极探索保护策略。

1.1.2 世界对遗产研究的区域化趋势明显

随着国际对文化遗产保护范围不断扩大，由单体文物到历史地段，再到整个城镇，进而兼及工业遗产景观，其研究内容与方法是逐渐复杂和深广的。现今遗产区域化趋势主要表现在把自然、经济与遗产相结合。许多国家都开展了整体性、区域性的遗产研究，尤其是对工业遗产的研究。例如，美国现已建立了 49 个国家遗产区域；英国、瑞典、澳大利亚等也在开展遗产区域的建立，形成了串联几个甚至几十个城市，贯穿多个国家的遗产线路，以研究大尺度下区域遗产的文化空间特征为目的来解决自然及人文景观破碎化的问题。

1.2 国内外研究综述

1.2.1 国外研究现状

美国是最早进行遗产区域研究的国家，他们以一种较新的方法，主要针对大尺度文化景观进行保护，目的是实现以遗产保护为核心，带动区域经济、文化、休闲、旅游等协调发展。美国现在已经成为国际上遗产区域研究和策略实施最为完善化、系统化的国家。

2003 年，美国推出遗产保护计划，遗产区域被作为一个理论实施的框架体系，提出打破行政管辖范围，将区域文化底蕴和自然资源有机结合起来，带动周边社区进行联合发展，在区域层面上形成以文化遗产保护为核心的区域经济、文化、景观全面联合发展的体系。根据其资源特点可细分为：历史交通廊道、历史工业区、乡村文化景观风貌、海岸沿线生态景观风貌。目前研究热度在理论和实践方面都不断高涨。

理论方面，以遗产区域理论为基础，在美国和欧洲国家发展出文化线路、生态廊道、遗产廊道等线性理念和实践方法。在实践方面，美国已有 49 个遗产区域，其中有 8 条遗产廊道。此外，澳大利亚的塔斯马尼亚荒野、瑞典的拉普兰等遗产区域的建立，整体上带动了欧洲、美洲的遗产区域研究体系，对于欧美的遗产区域建设不仅起到了保护自然和文化遗产的作用，对民族情感认同和旅游开发都有重要意义。

1.2.2　国内研究现状

1.2.2.1　国内遗产区域研究

我国对于遗产区域的研究起步较晚，现多是在借鉴欧美国家遗产区域保护的理论和实践经验的基础上进行研究。在国内遗产区域研究上，对于应用大范畴的遗产区域理论和实践研究较少，仅有朱强、李伟（2007）对遗产区域从定义、特征与保护策略等方面进行了深入的阐述；吴佳雨、徐敏等（2014）以黄石矿冶工业遗产为例，利用遗产区域的理念解决工业遗产时间连续性模糊和空间完整性断裂的问题。我国有关遗产区域的保护研究，多属于从遗产区域理念延伸出来的遗产廊道和文化线路的线性遗产区域范畴。

（1）遗产廊道理论与实践

最先将遗产廊道的理念和方法引入我国的是王志芳、孙鹏 (2001)，其用具体实例介绍了美国遗产廊道的相关观点、选择模式、法律体系和管理制度，带动了众多学者对遗产廊道进行研究，对于遗产廊道的实例研究主要集中于京杭大运河和丝绸之路上。

对于京杭大运河的研究比较典型的是北京大学的俞孔坚、李伟、朱强、李迪华等，他们公开发表了相关文章。朱强、俞孔坚等（2007）对大运河沿线遗产以区域线性遗产保护为基础，从区域、城市、历史工业集聚区、相关企业及单位、建（构）筑物五个层次制定相应的保护和再利用策略；俞孔坚、朱强、李迪华（2007）提出了建立大运河工业遗产廊道的"功能相关""空间相关"和"历史相关"三种理论；朱强（2009）强调说明工业遗产廊道构建的关键为主题确定、遗产的登录与评价和廊道空间格局的建立；俞孔坚、奚雪松（2010）基于发生学视角明确大运河遗产廊道的构成及特征，并确定遗产廊道由生态系统、遗产系统与支持系统三大部分构成。

在丝绸之路遗产廊道的实例研究上，主要研究成果如下：

丁小丽、刘晖（2008）从空间格局的角度研究丝绸之路固原段遗产廊道的构成、形态和保护策略，梁雪松（2007）主要进行丝绸之路廊道区域旅游开发战略性研究，孙葛（2006）研究丝绸之路遗产廊道文化的景观视觉建构，杜忠潮、柳银花（2011）运用层次分析法定量评估丝绸之路旅游价值。

（2）文化线路理论与实践

国内的"文化线路"研究开始于 2000 年，主要借鉴国外的研究成果，并以此为基础发掘国内潜在的"文化线路"，整体上从理论和实践案例进行研究。

在理论研究上，吕舟在 ICOMOS 第 15 届大会上宣读了关于文化线路的论文，他强调文化线路遗产网络的功能体系，不仅仅从类型上，还从类型背后的意义进行发挥和解读；李伟、俞孔坚系统介绍了文化线路保护的发展动态，并与"遗产廊道"理念进行比较，结合两者理念应用到我国文化遗产区域保护策略中；王建波、阮仪三（2009）对《文化线路宪章》中的主要内容从三个主要因素进行解析：传播路线的特定动机、不同文化群体的传播现象和历史功能的延续。

在典型案例的研究上，王丽萍（2010）剖析滇藏茶马古道所蕴涵的文化线路特质，推进实现滇藏茶马古道跨区域文化线路保护的战略措施；彭玉娟、尹雯（2012）从文化线路的空间、时间、文化及角色目的四个特征来分析确定茶马古道文化线路保护体系的构建；赵晓宁、郭颖（2015）将文化线路类型和理念结合蜀道文化的实际情况进行深入研究。

1.2.2.2　沈阳经济区工业遗产研究

沈阳经济区内的工业遗产拥有浓厚的工业文化底蕴和大量工业遗存，对其研究目前正处于起步阶段，整体上分区域研究和各工业城镇研究两个层面。

（1）区域层面

对于沈阳经济区的研究成果较少，重要的研究主要有以下内容：和军、康磊(2010)从东北振兴的视角下对沈阳经济区工业遗产再利用进行研究；哈静、潘瑞、谢占宇(2013)从遗产区域的角度推进沈阳经济区在"新型工业化"中的城市工业遗产的区域复兴和保护策略；王烁（2014）揭露了沈阳经济区工业旅游现状资源的短缺，探讨旅游开发的主要策略；韩福文、许东（2010）从东北地区工业遗产的空间分布特征入手，系统分析了沈阳经济区乃至辽宁省工业遗产的特征。

（2）各工业城市层面

在中国知网中收集到的关于沈阳经济区八个工业城市工业遗产研究的论文较少，仅有 45 篇，其中对沈阳工业遗产的研究较多，以陈伯超、哈静、韩福文、王丽丹等为代表从历史研究、旅游开发、建筑保护等角度公开发表的研究成果如下：

哈静、陈伯超（2007）在文章中系统地介绍了沈阳工业遗产构成中近代外资工业、民族工业以及铁路的发展历程，在现状问题基础上提出工业建筑遗产保护对策；韩福文、佟玉权（2010）从工业遗产旅游角度分析现状利用情况，总结沈阳历史工业区域的基本特征，探索工业遗产旅游与工厂观光旅游结合等基本对策；王丽丹、范婷婷（2014）探讨了遗产保护和再利用的根本动力机制及规划实施策略探索；韩福文、何军（2014）从沈阳老工业城市的物质性和非物质性工业遗产进行分析，提出用城市意向保护模式来进行城市工业遗产整体保护。

而沈阳经济区其他城市工业遗产的研究内容较少，典型如下：王丽、洪明强（2008）揭示了鞍山工业遗产保护的必要性与重要性；王猛、韩福文（2013）系统地对本溪湖工业遗产历史形成及特征进行分析；王猛（2014）以城市意向理论为基础，探索本溪工业遗产与城市形象塑造的关联性等。

1.3 研究目的与意义

1.3.1 研究目的

（1）将沈阳经济区各城市结合一起，从遗产区域空间格局建构角度探讨工业遗产研究对策，以此打破建筑单体、区域线性工业遗产研究的局限性。

（2）梳理沈阳经济区现状工业遗产的数目、类别、历史发展脉络，明确各城市在不同历史时期下的工业发展情况，并确定区域内工业遗产空间分布特征。

（3）探索沈阳经济区工业遗产空间格局，以工业遗产区域空间格局带动区域内工业文化复兴，为区域工业遗产保护和再利用提供依据。

1.3.2 研究意义

1.3.2.1 理论意义

目前我国对于区域化遗产的现状资源调查、特征分析及保护对策研究处于迫切需要发展的阶段，而从现状资源特征分析的基础上研究遗产区域的空间结构模式，是未来开展实施遗产区域保护和利用工作的前提基础和理论依据。从世界遗产的发展趋势看，遗产区域化研究的国际影响正逐步扩大，选择"沈阳经济区"工业遗产为研究对象，不仅因为其区域内工业遗产资源丰厚并具备遗产区域的部分基本特征，也因为针对沈阳经济区工业遗产整体的研究体系尚属空白。本书在对沈阳经济区工业遗产现状特征进行空间分析的基础上，通过对工业遗产相关影响因素进行分析，整体上探索沈阳经济区工业遗产的空间格局并提出相应的规划对策，对于探索适合我国国情的大尺度文化景观研究体系具有重要意义。

1.3.2.2 实践意义

（1）有助于复兴沈阳经济区传统工业文化

沈阳经济区从我国近代工业发展开始就一直起到重要作用，是我国近代民族工业发源地之一，是中华人民共和国成立最早的国家重大工业基地。沈阳经济区工业化的 70 年，为我国工业化的快速提升作出巨大贡献。现今区域内遗留众多工业遗产，遍布沈阳经济区各重要城镇，是东北工业文化发展进程的重要历史见证。因此整合工业遗产资源，在区域层面上明确工业遗产的空间格局体系，有利于复兴传统的工业文明，提升文化竞争力。

（2）有助于形成具有地方特色的工业风貌城市

沈阳经济区作为重要的工业基地，各个城市工业遗产存在一定的相似性，从工业遗产区域化角度进行统一研究，深入研究各城市的自身特色，以历史文化环境为基础，利用遗产区域空间功能构建加强各城镇的工业风貌特色，实现区域空间格局优化、居民休闲及文化旅游的目标，以此来解决城市面临的景观趋同、社会认同感消失等问题。

综上所述，借鉴国外遗产区域研究，我国遗产研究日益扩大到区域范畴。近些年国内主要侧重于遗产廊道和文化线路的研究，但是整体上缺乏更广泛区域层面的遗产空间实例研究。沈阳经济区工业遗产的研究更是处于现状调查、旅游开发、城镇发展各自独立的研究阶段，对于从整个沈阳经济区的工业遗产数目、类别统计和遗产区域空间结构角度进行的研究不足。需要在新型工业化下对沈阳经济区现有工业遗产进行系统的整理、分类，明确各工业城市发展脉络及工业遗产空间结构模式，深入研究沈阳经济区遗产区域空间格局，为沈阳经济区各城镇之间在旅游产业带动下形成经济联系、文化发展提供技术方法。

1.4 研究内容与框架

1.4.1 研究的主要内容

本书主要分四部分：第一部分（第 1，2 章）是基础研究章节，明确研究的背景、目的和意义，系统梳理国内外研究现状及发展趋势，介绍相关研究的理论依据和技术方法等内容。第二部分（第 3，4，5 章）是主要分析章节，首先建立沈阳经济区工业遗产数据库，以便为下文分析做数据基础，然后从现状、历史、空间、产业四个方面系统梳理沈阳经济区工业遗产的特征；其次在现状分析基础上分两个层次对工业遗产企事业单位到工业遗产集聚区进行工业遗产内在价值评价分级；最后在价值评价基础上，结合外在周边环境对工业遗产进行相关影响因素的适宜性评价分析。第三部分（第 6 章）是核心总结，通过对工业遗产从内在价值评价和外在影响因素评价分析，最终确定工业遗产的"廊道、板块、节点"空间格局体系，以不同主题文化为切入点对空间格局内各要素提出相应的规划策略。

1.4.2　技术框架

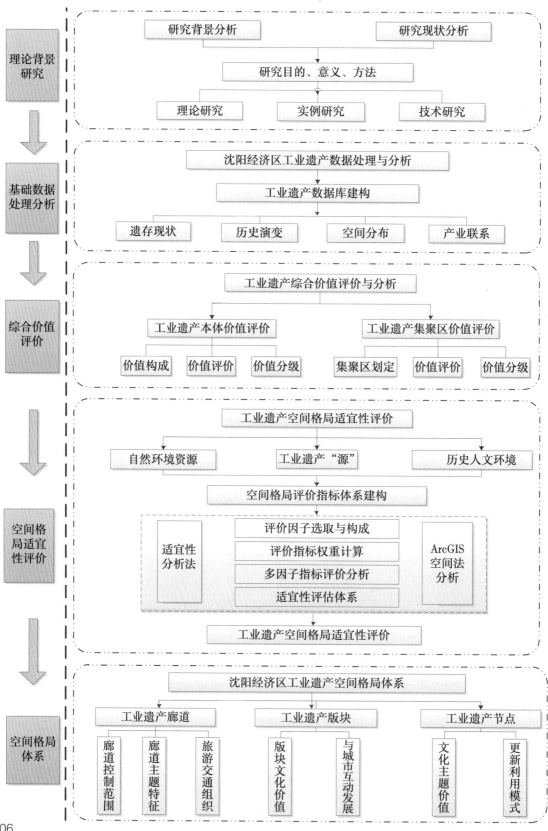

第2章

相关理论与技术方法研究

2.1 研究概念界定

1. 工业遗产

目前学界对工业遗产理解比较权威的是《下塔吉尔宪章》中对工业遗产基本概念的界定（图2-1），在此基础上，本书所研究的工业遗产主要是指见证沈阳经济区内各城市工业蓬勃发展，为各城市经济繁荣和人们生活作出贡献的工业建筑遗存。它们多以城市中铁路、道路作为交通纽带，相互关联影响，因此依据沈阳经济区工业发展历程，对其内部工业遗产从时间和资源两个方面进行界定。

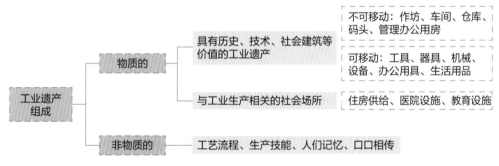

图 2-1　《下塔吉尔宪章》中对工业遗产的定义

（1）时间界定

我国工业发展主要开始于近代鸦片战争以后，外国资本进入中国市场的近100多年。根据国家、辽宁省工业经济发展史，沈阳经济区工业经历了日本侵略时期和20世纪80年代前的工业辉煌，在80年代后由于资源日趋枯竭、产业结构单一、技术落后等原因，东三省工业发展速度缓慢。因此本书主要研究沈阳经济区工业辉煌时期即1840—1978年间的工业遗产，这段时期的工业遗产代表着当时我国工业的整体发展水平和最先进技术水平。

（2）资源界定

本书主要研究具有不可移动实体的物质性工业遗产，即在当时行业中具有一定代表和影响力的主导工业企业及相关配套服务设施，但后来随着市场经济发展和产业结构变迁，企业正常运转或空置闲置的工业遗产（图2-2）。

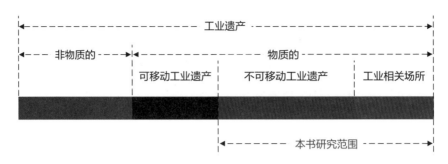

图 2-2　工业遗产研究的范围界定

2. 工业遗产集聚区

集聚是一个空间概念，指物质元素在空间上的逐渐集中。工业遗产集聚区是工业遗产空间密集分布的主要形式，在一定的地域范围内，以工业遗产物质性实体建筑或非物质文化氛围为主体，相关工业行业之间相互关联，在空间上占地规模较大且集聚效应明显的工业遗产文化主题区域。

3. 工业遗产廊道

本书主要以呈线性分布具有共同历史主题的工业遗产资源为核心构成要素，串联工业遗产沿线的自然、人文、游憩空间，打破行政界限，实现区域层面工业遗产线性文脉下整体性保护和文化旅游开发等综合目标。

4. 工业遗产板块

在区域廊道带动下，廊道外围周边地区以大型工业遗产集聚区为核心，结合周边景观环境和建设条件，外部形成较大范围的以工业文化为主题的空间面状区域，内部有较多的工业遗产集聚区或较大规模工业遗产企事业单位，辐射周边城镇带动工业产生和发展，即为工业遗产板块。

5. 工业遗产点

区域层面上在廊道和板块辐射带动下，对沈阳经济区远离城镇位于偏远地区以孤立状态存在的工业遗产，结合其较高的文化价值和开发利用潜力，与周边环境相互协调作用下形成工业文化主题区域，即为工业遗产点。

2.2　研究理论依据

2.2.1　遗产区域保护

遗产区域的理论和思想起源于20世纪80年代，是美国针对本国大规模、跨区域、全面性的遗产保护而提出的一个理念。最开始建立遗产区域主要是为了经济萧条地区的复兴，随着研究的深入，越来越强调在文化旅游带动下，促进地区经济发展和居民生活方式延续之间的平衡性，现已发展成为文化遗产保护体系的重要构成部分。它强调在对地区历史文化价值的全面理解的基础上，将遗产资源与自然生态相结合，并协同区域内各社区的联合发展，对遗产文化景观制定相应的联合保护规划，这样才能真正地称之为遗产区域，以此来解决区域社会认同感消失、文化景观趋同化等问题。

在快速城镇化发展道路中，区域性遗产保护工作迫在眉睫，并且遗产区域保护与区域复兴有重要关系，区域复兴也主要是指传统衰落产业区域的复兴。结合遗产区域保护思想与方法，以沈阳经济区为研究对象，探讨区域工业遗产的构成、评价与保护对策，对于复兴沈阳经济区工业文化和探索适合我国国情的大尺度文化遗产保护体制具有重要意义。

2.2.2　遗产廊道理论

遗产廊道是遗产区域的主要表现形式，它集合了独具地方特色的线性景观文化资源，可以是峡谷、运河、公路和铁路等，也可以是将多个单遗产点串联起来的线性景观线路。因此遗产廊道具有以下特征：

（1）线性景观

遗产廊道是特殊的遗产区域，它区别于遗产区域下的风景名胜区或历史名城等规模较大的块状区域，形成以交通线或景观线为核心的线性遗产区域。在保护上采用区域观进行线性区域的整体保护，而非局部节点保护概念。

（2）尺度可变

由于研究范畴不同，所以在尺度界定上可依据研究区域进行尺度调整。以运河廊道体系为研究对象，如果研究范畴为单个城市，则廊道为运河在城市中的水系；如果研究范围涵盖多个城市的区域层面，则廊道为横跨多个城市的运河水系。

（3）历史、经济、生态三者联通

历史、经济、生态三者联通体现了遗产廊道同绿色廊道的区别。绿色廊道以生态系统为目标和侧重点，整体不具备文化属性。但是遗产廊道以历史文化信息为目标和核心，协调人文、经济、生态等系统的平衡性。

国内遗产廊道研究最为权威的是以俞孔坚教授为代表的国内学者对京杭大运河遗产廊道体系的研究，在廊道体系的规划上进行了系统的研究，分别从绿色廊道、遗产节点、游步道、解说系统四个方面对区域遗产廊道空间进行研究，并探讨运用多种不同类型的交通途径串联各遗产点，增强横向联系（图 2-3）。

绿色廊道：区域性遗产联系通道，强调对自然格局进行保护和进行生态恢复，并保证对其内部文化遗产形成衬托和联系。

遗产节点区：遗产密集分布，形成具有一定文化底蕴的区域主题文化保护区。

游步道：以慢行交通线为核心连通廊道内节点，形成连贯的遗产网络体系，便于进行节点的保护管理和旅游开发。

解说系统：解释遗产廊道内遗产资源的内涵和历史重要性，提高公众对保护对象和政府保护策略的认识。

借助遗产廊道理论，在沈阳经济区工业遗产空间格局研究中，可在区域层面串联各城市工业遗产，联通相同主题的工业文化，形成沈阳经济区区别于其他地区的工业文化体系。

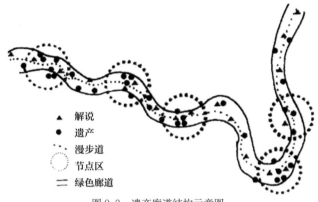

解说
遗产
漫步道
节点区
绿色廊道

图 2-3　遗产廊道结构示意图

（图片来源：王志芳、孙鹏《遗产廊道———一种较新的遗产保护方法》）

2.3　研究技术方法

2.3.1　遗产价值因子评价分析

国内外工业遗产研究文献的相关成果均表明，需要对所找到的工业遗产价值进行系统地评价，作为下一步提出保护再利用策略方法的依据和参考。基于沈阳经济区工业遗产的区域范畴、现状特性并借鉴较为权威的国内外遗产价值评价方法中的价值因子评价法，研究出一套适应沈阳经济区工业遗产的评价体系。以工业遗产企事业单位为研究基础的工业遗产本体价值评价和以工业遗产企事业单位分布状态为基础的工业遗产集聚区价值评价，采用定量和定性相结合的评价方法，分层次逐一确定各级工业遗产价值评价，上一级的价值评价为下一级评价做参考基础，为沈阳经济区工业遗产空间格局构建提供一个相对科学的基础研究数据。

2.3.2　工业遗产适宜性分析

2.3.2.1　评价指标量化方法

1. 层次分析法

美国著名学者托马斯·塞蒂（T.L.Satty）在 20 世纪提出了层次分析法的概念和计算方法，以此将复杂的评价方法进行定量化分解。通过建立清晰的层次结构，运用将结构中各元素进行两两对比的比较方法，将主观定性的判定标准转化成定量化表达，在此基础上建立定量化的判断矩阵，依据矩阵公式求解出方案的权重值。

（1）建立层次结构分析模型

首先要建立一个层次化、合理化的多因子结构模型。将复杂问题拆解划分为独

立的各要素，然后按其相互关联性将其分成若干层，其中上一层因子对下一层因子
起到主导和支配作用。整体可分为三类（图 2-4）：目标层、准则层和决策层。

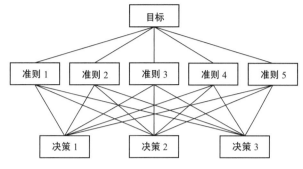

图 2-4　层次结构图

（2）构造判断矩阵

层次结构仅仅只能确定各因子之间的层次关系，但不能确定其占有的比重。所
以要依据数学矩阵公式建立判断矩阵，定量化确定各标准层因子之间的比例系数。
将因子进行两两比较建立定量化的比较矩阵方法，判断矩阵公式如式 2-1 所示：

$$A = (a_{ij})_{n \times m} = \begin{matrix} a_{11} & a_{12} & K & a_{1m} \\ a_{21} & a_{22} & K & a_{2m} \\ M & M & A & M \\ a_{n1} & a_{n2} & A & a_{nm} \end{matrix} \qquad （式 2-1）$$

引用数字 1～7 和相应的倒数作为定量化的重要强度判断标准（表 2-1）。

表 2-1　重要性标度值的含义

标度	含义
1	表示两个因素相比，具有相同重要性
3	表示两个因素相比，前者比后者稍重要
5	表示两个因素相比，前者比后者明显重要
7	表示两个因素相比，前者比后者强烈重要
2，4，6	表示上述相邻判断的中间值

2. 线性无量纲化

评价指标的无量纲化本质上是将不同量纲的指标或非定量化指标化为可以综合
的无量纲的定量化指标。设定指标值与标准值之间能够形成线性增减的关系，比较
相关研究文献在本研究中主要选择极小化的无量纲化方法，其计算方法为：

设定建立评价模型时，有 n 个对象，m 个指标，则原始的指标矩阵为 $X = (a_{ij})_{m \times n}$，
（$i = 1, 2, \cdots, m$；$j = 1, 2, \cdots, n$），则

$$y_{ij} = \frac{x_{ij}}{\max(x_j)} \qquad （式 2-2）$$

式中，x_{ij} 表示第 i 个对象的第 j 指标的实际值，$\max(x_j)$ 表示第 j 个指标的最大值，y_{ij} 表示第 i 个对象的第 j 指标的无量纲化值。y_{ij} 的取值范围在 $0 \sim 1$ 之间，各 y_{ij} 值的分布仍与相应原 x_{ij} 值的分布相同。

2.3.3　ArcGIS 空间分析法

基于 GIS 空间分析平台，采用最小路径方法可以确定目标之间的最小消耗路径，该路径是区域两个相对目标之间相互作用与扩散发展的最佳路径，最终可以得到所有目标之间的潜在生态网络体系，具体分析操作步骤如下：

（1）成本消费数据集

首先依据上节指标量化中的方法，以确定源与相关因子的权重及阻力值为基础，利用 ArcMap 中 ArcToolbox 的【分析工具】—【邻域分析】—【缓冲区】工具分别对不同因子制作成本栅格文件。然后采用最大或最小值方法将所有因子的成本栅格文件镶嵌成一个综合的成本栅格文件，使用 ArcToolbox 中的【数据管理工具】—【栅格】—【栅格数据集】—【镶嵌至新栅格】。

（2）成本加权距离

将节点源数据进行成本加权距离函数操作。这个操作结果会生成两个数据集，分别为距离数据集和方向数据集。距离数据集内单个相元表示从该点通到目标源的最低消耗成本。方向数据集以距离数据集为参考，其中单个相元表示该点到目标源最低消耗成本距离路径的主导方向。具体方法是利用 ArcMap 中【Spatial Analyst 工具】—【距离分析】—【成本距离】工具进行成本距离和方向、位置的生成。

（3）最短路径

在执行成本加权距离基础上执行最短路径函数，可以得到目标源之间的最短路径，其也是最低成本路径和最适宜建设路径。利用 ArcMap 中【Spatial Analyst 工具】—【距离分析】—【成本路径】工具进行最短路径计算。

采用以上三步再进行其他节点到不同因子之间最短路径计算，将会得到所有目标之间的潜在生态网络体系。

2.3.4　基于重力模型廊道分析法

引用重力模式主要是研究目标之间相互作用的强度，用来表征潜在生态网络体系所确定的廊道的有效性和连接目标的重要性。具体方法是：基于重力模型，构建目标之间的相互作用矩阵，定量评价其相互的作用强度，从而判定目标之间的路径相对重要程度。然后根据矩阵结果，将相互作用力进行等级划分，将相互作用力大于一定阈值的潜在的重要廊道提取出来，并剔除经过同一目标的多余廊道，得到规划研究区的重要廊道。

重力模型公式如式 2-3 所示：

$$G_{ab} = \frac{N_a N_b}{D_{ab}^2} = \frac{L_{\max}^2 \ln(S_a) \ln(S_b)}{L_{ab}^2 P_a P_b} \qquad \text{（式 2-3）}$$

式中，G_{ab} 是目标 a 与 b 之间的相互作用力；N_a 与 N_b 分别是目标的权重值；D_{ab} 是目标 a 与 b 间潜在廊道阻力标准化值；P_a 为目标 a 的阻力值；S_a 是斑块 a 的面积；L_{ab} 是斑块 a 与 b 之间廊道累计阻力值；$L_{\max}$ 是研究区中所有廊道积累阻力最大值。

第3章

工业遗产数据处理与分析

沈阳经济区工业历史悠久，充分体现了近现代各个社会历史时期我国东北工业发展的状况。研究沈阳经济区工业遗产，首先要搞清楚研究对象和研究数据。只有在清楚区域内工业遗产基本信息的基础上，才能对工业遗产现状进行分析总结，为下一步对区域内工业遗产综合价值和影响因素的分析提供参考依据。

3.1 研究区域整体概况

3.1.1 区位条件

沈阳经济区现已成为我国唯一以"新型工业化"为核心主题功能的综合改革试验区。区域在百千米半径范围内涵盖 8 个省级市、7 个县级市和 475 个小城镇，形成以沈阳为中心一小时交通辐射周边城市的便捷交通网络体系（图 3-1）。该区域具备雄厚的工业实力和完善的基础设施，现已成为东北乃至环渤海都市圈经济发展的重要组成部分，更是世界工业文化遗产的聚集之地。现今以调动区域内的资源型城市从遗产保护的角度推动"新型工业化"为目标，发掘重现区域工业特色的文化资源，整体为区域各城市的发展和特色建设指明方向。

图 3-1　沈阳经济区示意图

3.1.2　区域历史

沈阳经济区的划定和区域发展最早源于 20 世纪 80 年代，经历了辽中南经济区—沈阳经济区的历史发展过程。

（1）辽中南经济区

在 1984 年，为振兴辽宁省委提出的以沈阳为中心的中部重工业城市群，依托老工业基地的产业优势，省政府与省内相关学者共同完成了"辽中南经济研究"课题，规划建设辽中南经济区，形成以沈阳为中心，涵盖周边鞍山、抚顺等五个城市的经济区域，成为当时我国经济体制改革的一项重要内容。但是由于受各种政治、经济环境和思想观念的束缚，辽中南经济区建设在近 20 年的时间里，始终在徘徊中裹足不前，上述成果没能得到更好应用。

（2）沈阳经济区

经过多年探索，20 世纪初辽宁省在辽中南经济群研究的基础上提出"辽宁中部城市群总体发展战略""构建'大沈阳'经济体框架思路研究"，力争将辽宁中部城市群发展成为我国重点经济发展区。经过多年努力，2010 年 4 月国务院正式批复沈阳经济区成为国家以新型工业化为核心的综合配套改革试验区。

3.1.3　工业城市

沈阳经济区工业文化特征显著，是我国重化工业的脊梁地带。随着百年工业的发展，其城市性质和发展方向都受到工业、交通和资源的影响（表 3-1），区域内八个城市在整体相似之余又有着各自的工业文化特色。

"东方鲁尔"沈阳是我国"一五"时期重点投资的老工业基地，发展至今成为以机械制造为核心涵盖工业生产各个门类的区域核心工业城市；"钢都"鞍山是我国最早也是规模最大的钢铁工业基地，城市内蕴含着我国钢铁发展的百年历史；"石化之城"抚顺是以石化为核心的重工业城市；"钢铁之城"本溪是以钢铁、煤炭为核心的重工业城市；"港口之城"营口是我国最早开通的港口中进行工业生产的城市；另外还有"粮仓煤海"铁岭、"煤电之城"阜新和"化纤之城"辽阳，区域内八个城市工业文化各具特色，优势互补。

表 3-1　沈阳经济区各城市发展影响因素统计表

名称	建市年代	历史地位		城市性质	影响城市性质因素条件
		近代	现代		
沈阳	1934	东北乃至全国工业交通枢纽地	东北乃至全国重要加工制造工业之都	以机械工业为主的城市，国家重点老工业基地	工业基础雄厚，东北交通枢纽地，科技力量强
鞍山	1937	亚洲重要钢铁原材料及成品供应地	全国乃至世界重要综合性钢铁加工生产基地	以钢铁工业为主的工业城市	工业基础雄厚，铁矿石资源丰富，冶炼历史悠久

名称	建市年代	历史地位		城市性质	影响城市性质因素条件
		近代	现代		
抚顺	1937	唯一石化工业基地及重要原材料供应地	全国重要石化工业和原材料供应基地	以石油工业为主的能源工业城市	煤油资源丰富，动力及水源充足，基础设施雄厚
本溪	1949	全国重要原材料及钢铁加工基地	全国钢铁、化工加工生产基地	以钢铁、化工工业为主的铁煤工业城市	工业基础雄厚，铁煤资源颇丰富，交通便利
营口	1938	进出口交通枢纽及重要轻工业地区	东北重要轻纺工业及菱镁矿供应地的港口城市	以轻纺工业为主的工业港口城市	资源丰富，海陆运输方便
铁岭	1979	东北重要煤炭供应地	东北重要煤炭开采基地	以电力、煤炭工业为主的新兴能源工业城市	煤炭和电力资源丰富，水源充足，交通便利，农业发达
阜新	1940	东北重要煤炭供应地	东北重要电力煤炭供应基地	以电力煤炭工业为主的能源工业城市	工业基础雄厚，煤电资源丰富，交通便利
辽阳	1938	全国重要石化、轻纺工业基地	辽宁重要化纤工业生产基地	以石化、化纤工业为主的新兴工业城市	交通便利，距原料地较近

3.2　工业遗产数据来源与选择

3.2.1　工业遗产数据来源

由于现今沈阳经济区工业遗产研究多处于各城市和城市内单体的研究中，对于区域的研究正处于起步阶段，所以对沈阳经济区工业遗产的统计主要是在各城市工业遗产研究的基础上，再从全国、辽宁省普查中的工业遗产名录和辽宁省内各地方工业、企业志及现状调查等方面综合获取（图 3-2）。

图 3-2　辽宁省各地方工业志

（1）全国、辽宁省普查中的工业遗产名录统计

全国第一批到第九批重点文物保护名单统计数据、辽宁省第一次到第九次文物统计数据、辽宁省部分城市潜在工业遗产名单，整体综合这三方面数据，从中筛选与沈阳经济区工业发展相关的名单进行分类统计。

（2）辽宁省、地方工业志或重要企业志

在沈阳市图书馆翻阅辽宁省煤炭志、石化志、轻工业志、冶金志、电力志等 10 本与工业有关的史志和各城市石油、冶金、机械等工业志以及抚顺石油厂、本溪湖煤炭公司、鞍钢集团等大型企业志，从 20 余本书中查找出具有悠久工业文化历史的工业企业，选取现今还在经营或虽倒闭但还存在遗产的相关工业企业的名单。

3.2.2　工业遗产选择标准

3.2.2.1　工业遗产资源选择标准

参考我国《文物保护法》中提出的"历史、艺术和科学"三个价值标准，结合对现存工业企业的现状、历史、科技等各个方面进行综合考察评估，加入未来经济产业发展核心的文化价值和自身未来可改造利用的经济价值，在整体调查选择中综合考虑历史、艺术、科学、经济和文化这五个方面的价值因素。

3.2.2.2　工业遗产资源分类录入

由于沈阳经济区八个地级市内历史遗存的工业企业分布较广且数量较多，所以为确保工业遗产资源的调查与登录的可行性，在上文整体的统计与录入标准的基础上，将工业遗产资源分为三个层次（表 3-2）进行深入的调查。

表 3-2　工业遗产资源类型分类表

	工业遗产资源类型	核心内容
层次一	历史工业企事业单位	核心工业企事业及与工业企事业相关的单位
层次二	交通运输单位	水运、铁路、公路
层次三	工业遗产建（构）筑物	矿山开采设施，工厂、站场设施，服务设施

（1）工业企事业及相关单位

① 1949 年以前建立的企业（包括已倒闭或新厂在老厂基础上发展）进行全面调查。

② 1949-1978 年，经历中华人民共和国成立初期苏联援助的大型项目和对辽宁乃至我国工业发展具有重要意义的企业进行深入调查（表 3-3）。

表3-3　重要企业调查研究内容

序号	调查研究角度	调查研究核心内容
1	近代史角度	在城市或区域甚至整个国家产业发展史上具有重要意义的企业
2	从企业、地区文化认同角度	由于经营不善破产或因城市土地功能置换而准备搬迁的企业
3	城市景观形象、风貌特色角度	突出特色的外形与结构特征，通常形成地段地标景观建筑群的企业

（2）交通运输及相关设施

①铁路交通：对核心交通运输铁路尤其是中东铁路上现存或正在使用的站舍和铁路线路、桥梁、隧道等进行全面调查。

②公路交通：公路交通主要集中建设在中华人民共和国成立后，协调铁路运输成为现今工业产业流通重要的联系纽带。整体对中华人民共和国成立后尤其在"一五""二五"等时期修建用于工业交通运输的公路线路进行登记录入。

（3）工业建（构）筑物

①历史价值，对于具有典型历史价值的中华人民共和国成立以前的建（构）筑物进行全部登记，对于中华人民共和国成立至20世纪70年代末的建（构）筑物要综合考虑其在企业发展各重大阶段上的地位与作用。

②艺术价值。从建（构）筑物外立面的比例、色彩等形式上评讲其审美性。

③科学技术价值。研究建（构）筑物本身的材料、结构在当时的社会时代下的先进性。

④经济价值。从工业建（构）筑物改造与再利用的潜力的角度来预测其在以后再利用上对内部结构和外在立面是否能够进行改造的可行性。

⑤文化价值。研究建（构）筑物在企业文化形象或企业职工情感认同中的重要程度。

根据以上登记录入标准，符合本书所研究的工业遗产企事业及相关单位共有207个，其中建（构）筑物共有161个，具体工业遗产类型划分统计情况，见附表Ⅰ、附表Ⅱ。

3.3　工业遗产数据库的建立

3.3.1　工业遗产矢量数据录入

（1）工业遗产空间数据标注

利用 Loca Space Viewer 地图绘制与处理软件，以附表Ⅰ中工业遗产企业及交

表

0509 点 全部

FID	Shape	uid	name	权重	123	NEAR_FID	NEAR_	序号	
226	点	304709614	sy0201	.004310	.030471	-1	-1	sy0201	辽宁总
225	点	701345501	sy0301	.004310	.070135	-1	-1	sy0301	永安铁
224	点	3577294261	sy0401	.004310	.357729	-1	-1	sy0401	茅古甸
223	点	2758843745	sy0501	.004310	.275884	-1	-1	sy0501	奉天鹜
222	点	545703368	sy0601	.004310	.054570	-1	-1	sy0601	铁西工
221	点	1181473734	sy0701	.004310	.118147	-1	-1	sy0701	沈阳铸
220	点	3241313425	sy0801	.004310	.324131	-1	-1	sy0801	南满铁
219	点	3939819645	sy0802	.004310	.393982	-1	-1	sy0802	<空>
218	点	326418184	sy0901	.004310	.032642	-1	-1	sy0901	奉天纺
217	点	3811162685	sy1001	.004310	.381116	-1	-1	sy1001	奉天公
216	点	220633816	sy1101	.004310	.022063	-1	-1	sy1101	大亨铁
215	点	1791111009	sy1201	.004310	.179111	-1	-1	sy1201	奉海铁
214	点	2150993128	sy1301	.004310	.215099	-1	-1	sy1301	满洲北
213	点	1959310525	sy1401	.004310	.195931	-1	-1	sy1401	满洲黄
212	点	2923757398	sy1501	.004310	.292376	-1	-1	sy1501	满洲农
211	点	3780914424	sy1601	.004310	.378091	-1	-1	sy1601	新大陆
210	点	4280059766	sy1701	.004310	.428006	-1	-1	sy1701	满洲佳
209	点	2513284556	sy1801	.004310	.251328	-1	-1	sy1801	奉西机
208	点	2074446029	sy1901	.004310	.207445	-1	-1	sy1901	杨宇霆
207	点	2028264108	sy2001	.004310	.202826	-1	-1	sy2001	满洲麦
206	点	2991873492	sy2101	.004310	.299187	-1	-1	sy2101	奉天机
205	点	3367277657	sy2201	.004310	.336728	-1	-1	sy2201	陆军造
204	点	4253079991	sy2301	.004310	.425308	-1	-1	sy2301	义隆泉
203	点	3569881234	sy2401	.004310	.356988	-1	-1	sy2401	奉天军
202	点	2810170152	sy2501	.004310	.281017	-1	-1	sy2501	东三省
201	点	1896103076	sy2601	.004310	.189610	-1	-1	sy2601	原日本
200	点	955263600	sy2701	.004310	.095526	-1	-1	sy2701	奉天邮
199	点	2323114119	sy2801	.004310	.232311	-1	-1	sy2801	奉天邮
198	点	3766791030	sy2901	.004310	.376679	-1	-1	sy2901	奉天自
197	点	522512920	sy3001	.004310	.052251	-1	-1	sy3001	南满洲
196	点	1206505403	sy3101	.004310	.120651	-1	-1	sy3101	东亚烟

原有名称	现有名称	始建年代	核心功能	现状是否使	遗存现状	遗存状况	遗产点数	遗
站	沈阳铁路分局	1927	交通运输	使用	更改原有	A	1	辽宁总站
路桥	永安铁路桥	1841	交通运输	不使用	保存完好	A	1	铁路桥
站	浑河站旧址	1903	交通运输	不使用	保存完好	A	1	站舍
新窑业公司	沈阳台商会馆	1923	化学原料	使用	更改原有	A	1	奉天窑新窑
人村	铁西工人村生活馆	1952	公共服务	使用	延续原有	A	1	铁西工人村
厂	铸造博物馆	1939	机械制造	使用	更改原有	A	1	沈阳铸造厂
道株式会社	政府办公	1936	交通运输	使用	更改原有	A	2	南满铁道株
〈空〉	〈空〉	〈空〉	〈空〉	〈空〉	〈空〉	〈空〉	〈空〉	南满铁道株
纱厂	东北近代纺织工业博物馆	1921	纺织业	使用	更改原有	A	1	奉天纺纱厂
自来水厂	沈阳水务集团	1933	水的供应	不使用	保存完好	A	1	万泉水塔
工厂旧址	沈阳矿山机械集团有限公司	1923	机械制造	延续制造	延续原有	A	1	大亨铁工厂
路局	沈阳东站	1927	交通运输	使用	延续原有	A	1	奉海铁路局
废水厂	沈阳水务集团二厂	1938	水的供应	不使用	保存完好	A	1	北陵水源地
株式会社奉天工厂	沈阳化工股份有限公司旧址	1937	化学原料	不使用	保存一般	A	1	厂房
化学工业株式会社奉	红梅味精厂	1937	饮食品加	不使用	保存一般	A	1	分解过滤车
印刷株式会	新华印刷厂	1945	造纸印刷	不使用	保存一般	A	1	厂房
金属株式会社	铁西1905创意文化园	1937	机械制造	使用	更改原有	A	1	厂房
场附设航空技术部野战	清翔机制造厂	1933	机械制造	不使用	保存一般	A	1	厂房
电灯厂	沈阳熔断器厂	1925	电力燃气	不使用	保存一般	A	1	厂房
酒株式会社	沈阳雪花啤酒厂	1936	饮食品加	不使用	保存一般	A	2	水井
局旧址	沈阳造币厂	1896	机械制造	使用	延续原有	A	2	办公楼
厂南满分厂	辽沈工业集团有限公司	1939	机械制造	使用	延续原有	A	1	车间
锅	老龙口酒博物馆	1662	饮食品加	使用	延续原有	A	1	义隆泉烧锅
厂	沈阳黎明航空发动机集团	1921	机械制造	使用	延续原有	A	2	厂房
银号旧址	市工商银行沈河支行用房	1905	公共服务	使用	更改原有	A	1	东三省官银
满洲铁道株式会社奉	沈阳市少年儿童图书馆	1906	公共服务	使用	更改原有	A	1	奉天公所办
便局旧址	沈阳市邮政局	1914	邮电通信	使用	延续原有	A	1	邮便局
务管理局旧址	沈阳中国联通	1927	邮电通信	使用	更改原有	A	1	邮务管理局
动电话交换局	沈阳网通公司	1928	邮电通信	使用	更改原有	A	1	电话交换局
道株式会社奉天瓦斯	沈阳炼焦煤气有限公司	1922	电力燃气	不使用	保存完好	A	1	厂房
株式会社一大安烟草	沈阳卷烟厂	1919	饮食品加	不使用	保存完好	A	1	厂房

图 3-4　ArcGIS 中工业遗产点属性信息关联表

产点原名	遗产点现名	始建年代1	物质遗产类	风貌特征	遗存
	沈阳铁路分局机关	1927	交通设施建筑	中西合璧	上世纪是城内最宏伟的建筑之一
	铁路桥	1841	生产建筑	构筑物	沈阳市现存比较完整的一座石拱桥
	仓库	1903	交通设施建筑	苏式建筑	目前沈阳地区发现的惟一俄式站房建筑
业公司办公楼旧址	沈阳台商会馆用房	1923	配套服务设施	中西合璧	是沈阳城市近代化过程中极具代表性的工业
筑群	工人村生活博物馆	1952	配套服务设施	苏式建筑	上世纪东方鲁尔铁西区是繁华区
细砂车间旧址	铸造博物馆	1939	配套服务设施	一般建筑	复原再现中国最大的工人聚集区上世纪50年
代会社总部	省政府的办公楼	1936	配套服务设施	日式建筑	上世纪日本经营的以公司名义实行的经济侵
代会铁道总局本馆	沈阳铁路局办公楼	1934	配套服务设施	日式建筑	<空>
办公楼旧址	东北近代纺织工业	1921	配套服务设施	中西合璧	民国时期东北地区最早最大的具有现代工业
	万泉水塔	1934	市政服务建筑	一般建筑	迄今为止沈阳上百座供水塔中最为优秀的建
办公楼	沈阳矿山机械办公	1923	配套服务设施	中西合璧	沈阳市民族工业兴起的重要标志之一机械工
办公楼	沈阳东站站舍	1923	交通设施建筑	中西合璧	中国人第一次不用外国人的技术也能兴建铁
旧址	北陵水源地旧址	1938	市政服务建筑	一般建筑	日本帝国主义侵华实施殖民统治的历史见证
	水汽分厂厂房	1937	工业设施建筑	一般建筑	国内氯碱行业的重点企业之一
间	分解过滤车间	1937	工业设施建筑	一般建筑	国内最早生产味精的企业之唯一囊括了不同
	厂房	1945	工业设施建筑	一般建筑	<空>
	厂房	1937	工业设施建筑	一般建筑	一五至六五期间，创造了四十多项共和国第
	仓库	1933	工业设施建筑	一般建筑	<空>
	仓库	1925	工业设施建筑	一般建筑	近代民族工业代表杨宇霆为自己家乡兴建的
	水井	1936	市政服务建筑	一般建筑	沈阳啤酒发展史沈阳人们的记忆
	办公楼	1919	配套服务设施	一般建筑	开创了沈阳民族工业之先河更是我国机制铅
	车间	1939	工业设施建筑	一般建筑	为东北乃至全国国防军事做了杰出贡献
	博物馆展厅	1662	配套服务设施	传统建筑	老龙口是沈阳现存最早的民族工业之一
	厂房	1921	工业设施建筑	一般建筑	上世纪当时全国规模最大的兵工厂
办公楼	市工商银行沈河支	1905	配套服务设施	中西合璧	上世纪东三省最大的地方银行
楼	市少年儿童图书馆	1906	配套服务设施	日式建筑	日本掠夺我国东北资源的大本营
	邮政局	1914	市政服务建筑	日式建筑	九一八事变之前以奉天邮便局为中心的日伪
	中国联通办公	1927	市政服务建筑	日式建筑	民国政府在辽宁地区设立的最高邮政管理机
	网通公司	1928	市政服务建筑	日式建筑	被称作日本近代式的现代建筑
	厂房	1922	工业设施建筑	一般建筑	其建设生产成为沈阳是最早具备先进生活设
	厂房	1919	<空>	一般建筑	沈阳百年烟草公司沈阳人们的记忆

通运输单位为依据，按顺序在地图中标注各城市所录入的工业遗产点的坐标，并在每个工业遗产点坐标名称上标注代码，例如沈阳 42 个工业遗产点，标注成"sy1—sy42"。标注完成后，将工业遗产图形文件按照北京五四坐标系统转化成 ArcGIS 中的 shape 格式的点文件，以便在 ArcMap 中进行工业遗产空间数据的分析（图 3-3）。

图 3-3　Loca Space Viewer 软件工业遗产点坐标录入

（2）工业遗产属性数据处理

在附录 I 的基础上，如上文对各工业遗产点加上空间标注所命名的代码，以使工业遗产点空间标注和属性表有一列完全相同的属性值，便于在 ArcMap 中为工业遗产点关联相关遗产的属性信息。

（3）工业遗产空间信息关联

工业遗产空间信息关联：在 ArcMap 中，加载 shape 格式的工业遗产数据，打开其连接系统，以相同字段命名的列为关联基础，进行工业遗产空间数据与属性信息的关联，这样将工业遗产点的空间位置和其属性信息全都录入到 GIS 中（图 3-4，见插页）。

3.3.2　DEM 数据获取与影像校准

（1）DEM 数据获取与校准

DEM（数字高程模型）是单项数字地貌模型，可转化为等高线图、坡度图、坡向图等，是能充分反映区域的地形地势的高程影像图。为获取沈阳经济区的 DEM 图，笔者登录地理空间数据云官方网站，下载辽宁省精度为 90m 的 DEM 数据。登录 ArcMap，加载辽宁省 DEM 数据，启动"Spatial Analyst Tools"分析模块—提取分析—按膜提取，提取出沈阳经济区的 DEM 数据。由于坐标投影系统的不一致，所以以工业遗产点空间数据坐标系统为基础，对沈阳经济区 DEM 数据进行校准，均在系统内转换为北京五四地理坐标系，以便进行空间要素的叠加和分析。

（2）影像图获取与校准

由于主要工业遗产集中在各个城市城区内，所以为了便于分析工业遗产在空间下的集聚分布状态，下载沈阳经济区各城市城区的高清影像图，导入 ArcMap 中，进行投影定义，以保证影像图与 DEM 数据坐标一致。

3.3.3　相关因子提取与矢量化

利用 Loca Space Viewer 地图绘制与处理软件，对沈阳经济区内与工业遗产点有关的河流、交通、城区建设用地等相关联系数据进行绘制。由于 ArcMap 软件仅以点、线、面单独的形式来识别和分析，所以对河流和交通运用线性要素进行绘制，对城区建设用地运用面要素绘制，这样便于导出的 shape 格式文件导入 ArcMap 中与工业遗产空间数据进行相应的统计与分析图（图 3-5）。

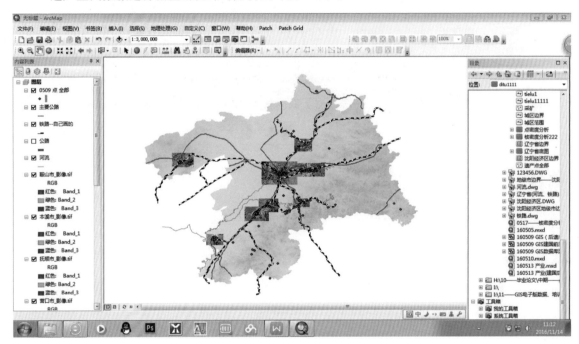

图 3-5　工业遗产数据库建立图示

3.4　工业遗产现状与特征分析

3.4.1　工业遗产遗存现状

沈阳经济区工业遗产共调查录入 207 个工业遗产，其中工业企事业及相关单位 180 个、交通运输单位 27 个。将这 207 个工业遗产的遗存状态划分为三类：实体价值遗存、潜在价值遗存和一般价值遗存（表 3-4）。

表 3-4 历史工业企事业单位、交通运输单位遗存现状分类统计表

遗存级别	遗存类别	详细说明
A	实体价值遗存	在原址上进行生产或者虽破产转移但仍然留有具历史气息的建（构）筑物的遗产资源
B	潜在价值遗存	在原址上正在进行生产的工业企业，由于企业文化、历史背景较为突出，整体厂区具有潜在遗存价值
C	一般价值遗存	工业企业搬迁或破坏严重，在原址留下有价值的遗产资源较少

对工业遗存整体情况进行统计分析如图 3-6 所示，在 180 家工业企事业及相关单位中，实体价值遗存共有 91 个，所占比例最大达到 44%；潜在价值遗存有 63 个，占总数的 30%；一般价值遗存有 26 个，占总数的 13%。在 27 个交通运输单位中，实体价值遗存所占比例最大，高达 11%，共有 22 个；潜在价值遗存和无价值遗存所占比例均衡，各仅为 1%。整体反映了沈阳经济区 180 个工业遗产企事业及 27 个交通运输单位现状保存状态和使用状态较好，便于开展工业遗产整体研究工作。

在整体分析基础上，对各城市工业遗产进行统计分析（图 3-7），工业遗产主要集中分布在沈阳、抚顺、鞍山和本溪，这四个城市实体价值遗存和潜在价值遗存均达到总量的 10% 以上，反映了这四个城市工业遗产保存状态较好。其次辽阳、营

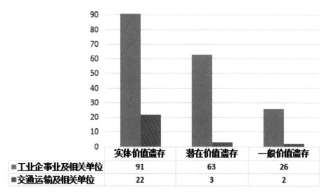

图 3-6 历史工业企事业、交通运输遗存现状统计

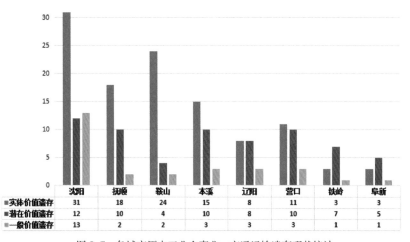

图 3-7 各城市历史工业企事业、交通运输遗存现状统计

口这两个城市的工业遗产也比较多，城市实体价值遗存和潜在价值遗存均达到总量的5%以上，但这两个城市相对于沈阳、抚顺、鞍山、本溪的工业遗产保存力度仍较弱。铁岭和阜新这两个城市遗存较少，两个城市实体价值遗存仅占总量的2%，潜在价值遗存仅占3%，反映了这两个城市在城市发展的道路上对于工业遗存的保护和再利用力度得较弱，破坏较为严重。

综上分析可知，各城市工业遗产表现出不均衡特征，按工业遗产点整体遗存状态分为四个层次：沈阳—鞍山、抚顺、本溪—辽阳、营口—铁岭、阜新。首先沈阳的工业遗产数量远远超过其他城市且保存较好，反映出沈阳作为近现代中国重工业发源地和在我国工业化道路上作为中华人民共和国工业"长子"机械工业中心城市的重要地位。其次处于中位的鞍山、抚顺、本溪这三个城市内部以资源型重工业为主，工业城市遗产点较多且保存较为完整。然后，辽阳、营口为沈阳经济区内少数以轻工业为主的城市，内部遗产点较少且保存一般。最后，铁岭、阜新工业遗产点数量较少，且整体保存较差。

3.4.2　工业遗产历史演变

通过对中国近现代史、辽宁近现代史和沈阳经济区各城市地方志的研究，依据不同时期所遗留下来的工业遗产创办背景和类别的不同，对沈阳经济区近现代工业发展历程进行分期研究（表3-5），整体分为清末、民国时期和中华人民共和国时期。依据上文对工业遗产研究范围的界定，确定本书主要研究改革开放以前的近现代史。

表3-5　沈阳经济区不同时期工业发展表

时间	近代工业发展时期			现代工业发展时期	
	清末（1840—1910年）	民国时期（1911—1948年）		中华人民共和国成立后（1949年至今）	
		奉系军阀统治（1911—1930年）	日占领时期（1931—1948年）	中国工业化初期（1949—1978年）	中国工业化中后期（1978年至今）
分类	近代工业初步发展时期	近代工业快速发展时期	近代工业高速发展时期	现代工业快速发展时期	现代工业稳步前进时期
背景	英、俄、日进入资本主义萌芽兴起时期	军阀混战、资源掠夺	日本侵略，沿铁路进行资源加工、掠夺	苏联工业技术援助，促进工业发展	资源日趋枯竭，产业结构单一，技术落后
类别	清政府官办	国民政府官办	日垄断经营	国有企业	国有、私人企业

（1）近代工业初步发展时期

清末民初是工业产生和发展的时期。1861年营口开埠后，英国太古洋行在牛庄投资设厂，标志着沈阳经济区近代工业的开始。此后，俄、日、美等资本主义国家经济势力纷纷进入，辽宁省被日俄占领并被大修铁路、大肆掠夺资源，与此同时地方军阀及满怀实业兴国思想的民族资本家也开始投资建厂，拉开了民族工业发展的开端。

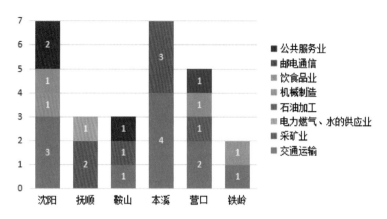

图 3-8　1840—1910 年工业遗产统计

清末民初，外国资本入驻，沈阳经济区成立的工业企事业单位及交通运输相关的工业企业达到 27 个。图 3-8 所示的这六个城市近代工业发展最早，主要因为其优越的交通位置及丰富的矿产资源吸引众多外国资本进行开发，这一时期各城市工业门类较为单一，多集中在资本主义势力进行的铁路轨道和通信设施铺设，主要是为了交通运输、邮电通信以及抚顺和本溪矿产资源开发。

（2）近代工业快速发展时期

这一时期的工业随着奉系军阀东北割据的军事需要，张学良提出"东北新建设"，在奉天、抚顺等地大量兴建军工厂、民营企业，以保证战争的需求，整体带动了我国近代民族工业的发展。到"九一八"事变前，沈阳经济区已经形成一批以政府官办为主，大资本家民办为辅的近代民族工业体系与日本占领的矿区和铁路企业形成互相抗衡的局势。

由于军阀混战需要大量的工业基础作为保障，这一时期工业发展较快，产生的核心和潜在工业企事业单位及交通运输相关的工业企业达到 59 个。在军事的需要下，这一时期各城市工业门类增多，形成以重工业为主轻工业为辅的发展形式。区域内各城市在资源开采基础上已经形成工业延伸产业多元化发展形势（图 3-9）。

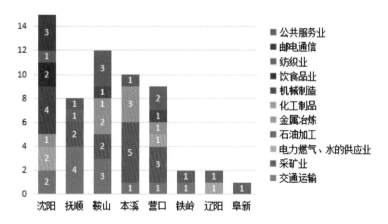

图 3-9　1911—1930 年工业遗产统计

（3）近代工业高速发展时期

日本侵略统治时期是沈阳经济区近代工业的快速发展阶段。"九一八"事变后，日本侵略者夺取并接管了奉系军阀的大部分工业企业。为实现所谓的"日满经济一体化"，日本侵略者要求统一学习日本语言，规划各城市的城市建设，并在各城市兴建铁路，掠夺矿产资源，沿铁路线兴建大批日本会社，发展门类众多的工业行业，当时东三省尤其是辽宁的工业经济发展已经达到亚洲工业最发达水平，工业产值超过日本本土，整体上属于我国近代工业史上工业最辉煌的时期，同时也是最屈辱的时期。

这时期在日本占领下，产生的核心和潜在工业企事业单位及交通运输相关的企业高达69个（图3-10），日本加大对抚顺、鞍山、本溪等城市的矿产资源开采掠夺，新产生的工业企业结合原有企业已经形成集聚发展的工业区模式。在矿产资源的城市，如抚顺、鞍山、本溪在开采基础上形成了较为完善的工业开采加工—冶炼—体化的工业基地，将半成品运往日本或者沈阳进行成品加工，这一时期沈阳的机械制造工业高速发展。为保证工业企业正常运转，日本对辽阳进行快速开发，获取辽阳的水力资源和当地的原材料。在日本侵略和沿铁路进行资源加工、掠夺的基础上，沈阳经济区在近代整体形成了以日本资本经营为主的重工业军事基地。

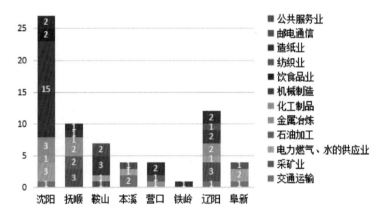

图3-10　1931—1948年工业遗产统计

（4）现代工业快速发展时期

中华人民共和国成立后，工业成为国家发展的支撑，沈阳经济区在日本遗留下来的厂房和设备的基础上开始了现代工业的发展，伴随着"一五""二五"中苏联工业技术的援助和国家的大力推进，工业门类建设齐全，经济产业飞速提升，拉开了现代工业快速发展时期。在改革开放前，沈阳经济区乃至辽宁省已经成为中国重工业发展的龙头带动地区。

在苏联援助和政府大力主导下，这时期沈阳经济区各城市都有卓越的技术产业贡献，产生的核心和潜在工业企事业单位及交通运输相关的工业遗产达到46个，整体上以抚顺、鞍山、辽阳工业遗产居多，形成了以机械、化工、采矿、金属冶炼为主的制造业为主导的产业（图3-11）。

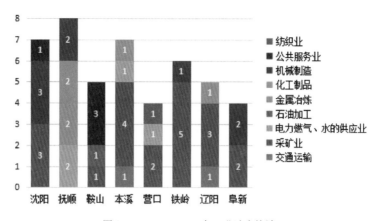

图 3-11 1949—1978 年工业遗产统计

3.4.3 工业遗产空间分布

（1）清晰点轴式布局

从沈阳经济区工业历史演变来看，中东铁路通车后便成为沈阳经济区工业发展的主轴线，众多工业企业沿铁路线建设并集聚向外发展，串联整个沈阳经济区乃至辽宁省进行工业资源和能源的掠夺（图 3-12），在沈阳经济区内整体上形成了以铁路带动为核心的点轴式布局形态。整体上共有三条清晰的铁路轴带串联沿线各大型工业城市，以沈哈大铁路线（沈阳—营口）串联沈阳、铁岭、鞍山、辽阳、营口为主的核心工业轴带，以沈吉线铁路（沈阳—抚顺）和新义、沈丹线铁路（阜新—沈阳—本溪）为辅的次工业发展轴带。

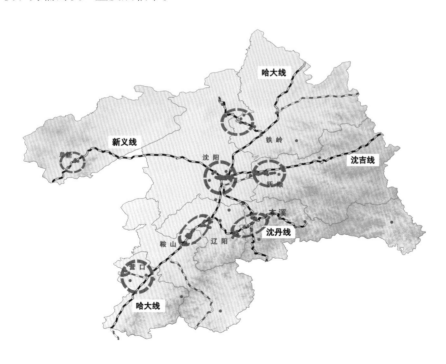

图 3-12 沈阳经济区工业遗产空间分布

（2）成区成片集聚分布

沈阳经济区工业经过百余年的建设和发展，在国家赋予的工业使命下，工业呈集群化的势态发展，各城市交通枢纽的区域是重点企业的集聚区域。如沈阳、抚顺、鞍山等城市的工业区内均有大量工业遗产资源（表3-6），每个区域内涵盖众多工业遗产，能够形成庞大的工业遗产景观区域，这成为沈阳经济区突出的特点。

表3-6　各城市城区内工业遗产集聚区统计表

城市	工业区	位置	重点工业遗产
沈阳	铁西工业区	沈阳市中心城区西南部	铸造博物馆、沈阳化工股份有限公司旧址、铁西1905创意文化园、沈阳雪花啤酒厂、沈阳第四橡胶（厂）有限公司、沈阳机床集团有限公司沈阳水务集团、沈阳矿山机械（集团）有限公司、沈阳造币厂、辽沈工业集团有限公司、老龙口酒博物馆、沈阳黎明发动机械厂
	大东工业区	沈阳市中心城区东部	
抚顺	望花工业区	抚顺市区西部	抚顺石化公司石油三厂、抚顺铝业有限公司、抚顺石油化工厂、抚顺新抚钢有限公司、抚顺特殊钢股份有限公司、抚顺矿业集团机械制造厂
鞍山	铁西工业区	鞍山市西南部	鞍钢重机工具车间、昭和制钢所01号变电站旧址、鞍钢二炼钢钢锭模及铸锭车旧址、鞍钢附属企业公司、鞍山炼油厂、鞍山化工总厂
本溪	本钢工业区	本溪市城中心	本溪钢铁公司第二发电厂、本钢一铁厂旧址、本钢电器有限责任公司
辽阳	白塔铁西工业区	辽阳市北部	辽宁锻压机床股份有限公司、辽宁庆阳特种化工有限公司

（3）历史渐进式分布

由上述研究可知，沈阳经济区内的工业遗产经历了清末的起步，民国的兴盛，再到中华人民共和国成立后的蓬勃发展时期。不同于国兴工业兴、国衰工业衰的特征，沈阳经济区工业发展在日本侵略时期大肆建设工厂的基础上，在近代达到鼎盛，形成了从清末到日本占领时期的第一个繁荣快速发展时期。中华人民共和国成立后在"一五""二五"等项目和苏联技术的援助下，经历了第二个繁荣快速发展时期。所以沈阳经济区工业遗产一直沿铁路运输线路保持渐进式发展历程。

（4）数量多但失衡发展

根据调查录入统计，找到的潜在工业遗产总共有207个，涵盖了整个沈阳经济区的八个地级市，且种类齐全，几乎囊括了工业生产中各个行业体系。区域内的工业遗产，均以交通运输、采矿、金属冶炼、机械制造等产业链中上游加工型的重工业为主，遗留下来的纺织、造纸、食品加工等轻工业较少，整体上呈现出轻重工业比例失衡发展状况。

3.4.4　工业遗产产业联系

工业企业能够长久生存并达到区域内行业顶端主要依靠两点：政策推动下产业技术更新和经济发展下产业销售区域。沈阳经济区产业功能随着时间推移也在不断发生变化（图 3-13），工业企事业单位均经历了日本占领时期和中华人民共和国成立后的工业辉煌时期。深入研究中国近现代史下不同产业类别内具有典型代表的工业相关企事业单位的内在技术更新和外在产品销量，系统分析不同产业间的产业关联，希望能以此发掘这些工业遗产能长久发展的动力机制并重现当时工业产业辉煌。

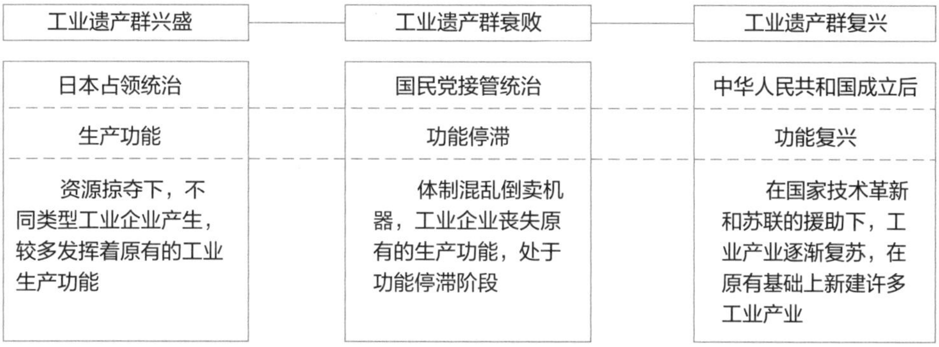

工业遗产群兴盛	工业遗产群衰败	工业遗产群复兴
日本占领统治	国民党接管统治	中华人民共和国成立后
生产功能	功能停滞	功能复兴
资源掠夺下，不同类型工业企业产生，较多发挥着原有的工业生产功能	体制混乱倒卖机器，工业企业丧失原有的生产功能，处于功能停滞阶段	在国家技术革新和苏联的援助下，工业产业逐渐复苏，在原有基础上新建许多工业产业

图 3-13　工业遗产功能演变图

3.4.4.1　工业遗产产业类别划分

由于各地工业产业产生的背景、行业门类存在差异，所以我国工业遗产研究的行业分类方法尚不统一。主要参考前人的分类方法，结合沈阳经济区以重工业为主的工业遗产现状，将沈阳经济区工业遗产从其产业核心属性和行业门类两个级别进行遗产产业类别的划分，最终确定 4 个核心属性下 13 个不同的行业门类。确定各行业以中华人民共和国成立为分界在近代史和现代史两个不同时期下具有较高地位和规模，能带动地方经济发展，在众多企业中具有最高带头作用的工业遗存典型代表企业，具体见附表Ⅲ。

3.4.4.2　工业遗产内在发展动力

产业类别划分中重工业加工制造占据主体地位，整体对具有代表性的能源工业、原材料工业、加工制造工业中机械、专用设备制造业等典型企业在不同时期下技术更新和产品销售进行深入分析。

（1）采矿业

采矿业为沈阳经济区近现代工业发展的基础和核心产业，典型代表抚顺煤矿为东北地区规模最大、产量最高、技术最完善的现代化煤矿，规模宏大，具有"东亚之首"之称。西露天矿是抚顺煤矿开采最早，煤炭和油母页岩产量最多的矿区，其技术的更新一直位于我国乃至当时世界发展的前列，为当时的日本占领区和中华人

图 3-14　日本统治下抚顺西露天矿开采图　　　图 3-15　现今抚顺西露天矿开采图

民共和国成立后东北钢铁和石油工业的发展提供了重要的原材料（图 3-14、图 3-15）。

①技术更新

近现代煤矿开采技术流程大致分为三大部分：煤炭开拓—岩巷、煤巷掘进—煤炭洗选。抚顺西露天矿各技术工艺更新均经历了传统手工业时期的人力劳作，蒸汽电力时期的初步机械技术，再逐步发展成多元综合的工艺技术（表 3-7）。在日本占领时期，电风钻打眼技术和槽式洗煤法在当时已经处于世界先进水平。中华人民共和国成立后在苏联援助下引进便捷型风钻和风动凿岩机，配合使用发电式放炮器爆破，提高了煤炭开采的进度。在苏联技术援助下结合自主研发，截止到 20 世纪 70 年代西露天矿煤矿年洗选能力为 210 万吨，是中华人民共和国成立初期的 3 倍左右，煤炭出产量成为抚顺矿区乃至辽宁省的龙头。

表 3-7　抚顺西露天矿产业技术更新表

开采生产流程	技术工艺	技术设备	时间	政治背景
煤炭开拓	人力掘采	以掘为采	1901—1920 年	传统手工业为主的工业体系
	机械采掘	折返式开采	1920—1978 年	机械电气和动力化的工业体系
岩巷、煤巷掘进	半机械化掘进	电风钻打眼、电雷管炸药爆破	1920—1949 年	日本占领时期对机械电气、动力工业技术进行扶持
	全机械化掘进	煤电钻、风动凿岩机打眼，发电式放炮器爆破	1949—1978 年	苏联技术援助下，我国工业自主研发生产体系
煤炭洗选	地沟流槽土法	利用人力，在水中利用煤与矸石的比重差异	1914—1930 年	工业化刚兴起，技术较为落后
	槽式洗煤法	利用机械，在水中利用煤与矸石的比重差异	1930—1949 年	机械电气和动力化的工业体系
	鲍母式跳汰机洗煤法	利用机械、电力、磁力等多元素综合洗煤法	1949—1978 年	苏联技术援助下，我国工业自主研发生产体系

②产品销售

抚顺西露天矿应用于工业生产最主要的矿产资源为煤炭和油母页岩。在日本占领时期，西露天矿的煤炭在辽宁省主要应用在燃料加工上，以钢铁炼焦生产为主，电厂发电为辅。当时侵略者大肆掠夺煤炭资源，其中西露天矿煤炭产量的30%都运往日本本土进行燃料的加工。油母页岩主要销往抚顺炭矿西制油厂进行人造石油的加工，这是当时东北地区唯一能进行人造石油加工的企业。中华人民共和国成立后，西露天矿成为我国"一五"时期重点建设项目，产品销量主要针对钢铁、电力和化学制品行业，几乎涵盖全国各省，在省内主要针对鞍山和本溪地区的钢铁支柱产业——鞍钢集团和本钢集团，电力产业主要针对抚顺、本溪和沈阳的发电厂，化学制品行业主要针对抚顺、辽阳和沈阳的主导化学制品行业（图3-16、图3-17）。

图 3-16　日本占领时期产品主要销售示意图

图 3-17　中华人民共和国成立后产品在省内主要销售示意图

（2）石油冶炼

大庆原油开采以前，东北地区主要依靠抚顺西露天矿开采出的油母页岩为原材料进行人造石油生产。以抚顺石化公司石油一厂为代表的石油冶炼企业能充分反映沈阳经济区乃至辽宁省石油冶炼工业的演变历程，其前身为日本所建的抚顺炭矿西制油厂，始建于1928年，是一座具有百年历史的老厂。在日本占领时期，其成为日本在东北三省唯一生产加工人造石油的高产量工业基地，是当时日本在东北最为重要的工业企业之一。中华人民共和国成立后，它作为辽宁省石油加工骨干龙头企业成为"一五"时期重点建设项目，为我国石油工业发展作出卓越贡献（图3-18、图3-19）。

图 3-18　日本占领时期抚顺石油一厂图
（图片来源：中国石油报）

图 3-19　20 世纪 80 年代抚顺石油一厂鸟瞰图
（图片来源：《辽宁省石化志》）

①技术更新

石油冶炼主要生产流程为：干馏—蒸馏—裂化—催化重整。在不同时间和工业背景下，从技术工艺的更新到加工能力的提升对主要生产流程进行系统梳理（表3-8），从中看出在近现代政治和经济大背景下抚顺石化公司石油一厂的技术整体经历了人造石油炼制—原油加工冶炼—有机石油化工加工的三个不同阶段。

表 3-8　抚顺石化公司石油一厂主要生产流程技术更新统计表

生产流程	技术工艺	加工能力	时间	政治背景
人造原油加工——干馏装置	二段式页岩蒸馏装置（干馏、气化）	单炉日加工能力 100 吨	1928—1948 年	日本占领时期主要进行人造油生产
	三段式页岩蒸馏装置（预热、干馏、气化）	单炉日加工能力 150 吨	1949—1959 年	中华人民共和国成立初期在大庆原油引入前继续以原油生产为主

生产流程		技术工艺	加工能力	时间	政治背景
原油加工冶炼	石油加工初加工程序——蒸馏装置	常压蒸馏	年加工量 20.5 万吨(但不稳定)	1928—1948 年	日本占领时期对人工油母页岩石油进行加工,产量较低,不稳定
		常压蒸馏	年加工量 28.5 万吨	1949—1959 年	中华人民共和国成立初期行进设备改进和技术更新,产量提升,生产稳定
		高常压蒸馏	年加工量 80 万吨	1960—1978 年	大庆原油引入后,进行技术和设备改造
石油二次加工程序——裂化		单炉热裂化	日加工量 115 吨	1928—1948 年	日本占领时期,裂化生成燃料油,产量较低
		双炉选择性热裂化	日加工量 370 吨	1949—1959 年	中华人民共和国成立初期行进设备改进和技术更新,燃料油产量提升
		单炉催化裂化	日加工量 1000 吨	1960—1978 年	原油为原料炼制,技术更新下加入催化剂进行裂化,产量高速提升
有机石油化工——催化重整		宽馏分汽油催化重整	年加工量 10 万吨	1960—1978 年	工业技术更新下,使用催化剂,用燃料油炼制芳烃,进入有机石油化工的产品生产

②产品销售

在日本占领时期,石油冶炼以油母页岩加工人造石油为主,当时沈阳经济区内仅有石油一厂原油生产量大可供应销售,其中 20% 主要供应沈阳军工制造和鞍山昭和制钢所、本溪湖煤铁公司使用,80% 都运回日本国土进行二次加工利用。

中华人民共和国成立初期,抚顺石油化工基地成为全国重点的石油加工区域,为扩大生产规模,抚顺内建设以石油一厂为主,石油二厂、三厂为辅的多元化综合的石油冶炼基地。当时抚顺生产的原油供应全国 28 个省,极大地满足了中华人民共和国成立初期工业生产对石油的需求,在省内的供应涵盖了沈阳经济区的八个城市。20 世纪 60 年代大庆原油的引进,代表着辽宁石油工业进入新的篇章,抚顺石化石油一厂减少使用油母页岩,开始使用加工大庆原油炼制燃料油和化工产品,其产品销至全国各地并出口海外多个国家。同时辽宁在省内开发辽河原油,在各地兴建石化公司,主要兴建了辽阳石化和鞍山炼油厂,因此抚顺石油一厂在省内产品销售主要针对辽宁东北部城市,以沈阳、铁岭、本溪、抚顺为主的化工原料、制品业、机械制造业、交通运输业等(图 3-20)。

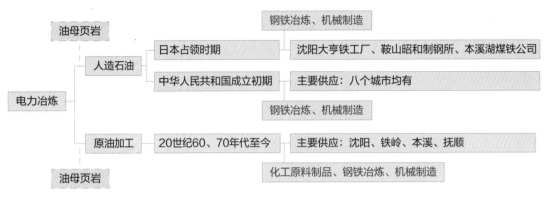

图 3-20　不同时期抚顺石化公司石油一厂省内主要产业销售示意图

（3）金属冶炼

金属冶炼是辽宁省工业经济支柱型企业，支撑了近代辽宁工业体系，所掌握的工业遗产中以鞍山钢铁集团为代表的金属冶炼企业共有 10 家，整体代表了沈阳经济区近现代历程上金属冶炼产业发展的进程。鞍山钢铁集团始建于 1918 年，前身为昭和制钢所（图 3-21），中华人民共和国成立前钢铁加工规模超过日本本土，成为亚洲最大的钢铁生产基地。中华人民共和国成立后，发展成为我国最大的钢铁工业基地，为我国工业的建设作出重大贡献（图 3-22）。

图 3-21　原昭和制钢所厂区全貌
（图片来源：康成明先生）

图 3-22　现今鞍钢集团厂区全貌
（图片来源：互动百科）

①技术更新

鞍钢集团内主要的两大工业产品为生铁和钢锭，本书以鞍山生铁生产的标志性高炉设备为例，系统统计出在不同历史时期高炉设备的建设容量和生铁产量（表3-9），高炉设备从 9 台增加到 11 台，最高设计容量整体提升 2 倍，生铁产量提升5 倍以上。

表 3-9　鞍钢集团高炉生产建设容量技术更新统计表

建设年代		政治背景	高炉设备	生铁产量
日本占领时期	1918—1945 年	日本占领时期东北经济较快发展	高炉设备 9 台，最高设计容积 917 立方米	年产生铁 130 万吨
国民党接管时期	1946—1948 年	苏军进入，重工业设备被撤走	高炉设备 9 台，最高设计容积 917 立方米	停产
中华人民共和国成立后	1949—1959 年	苏联援助中国重点项目建设时期	高炉设备 9 台，最高设计容积 1000 立方米	年产生铁 400 万吨
	1960—1978 年	我国工业自主研发生产	高炉设备 11 台，最高设计容积 1800 立方米	年产生铁 500 万吨
	1978 年至今	改革开放	高炉设备 11 台，最高设计容积 2000 立方米	年产生铁 600 万吨以上

②产品销售

在日本占领时期，鞍山钢铁集团主要进行生铁和钢锭生产，将原材料运输回日本进行深加工，少量运输到沈阳和鞍山本地进行军工设备加工制造。中华人民共和国成立后，在苏联援助和我国自主研发的基础上，鞍山钢铁集团整体扩建成集生产、加工、冶炼、机械制造于一体的综合性工业区域，其产品主要供应机械制造、交通运输和建筑工程等，销售范围涵盖省内整个区域，并覆盖全国主要地区及出口国外（图 3-23）。

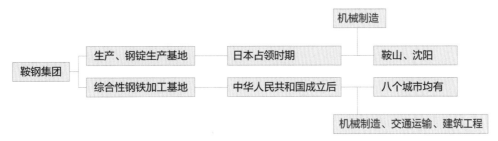

图 3-23　不同时期鞍山钢铁集团供应省内主要产业销售示意图

（4）化工原料

化工原料产品广泛应用在工业各个领域中，销售使用范围最为广泛，成为重工业生产和轻工业加工重要的辅助原材料。笔者现掌握的工业遗产名录中的化工原料企业共有 13 家，其中沈阳化工股份有限公司代表了沈阳经济区近现代历程中化工产业发展的进程。其前身为满洲曹达株式会社奉天工厂，建于 1937 年，日本占领时期是东北建设最早的化工氯碱工厂（图 3-24）。中华人民共和国成立后，其是国家512 户和辽宁省 60 户重点企业之一，发展成为综合实力位居全国化工企业前列的大型综合化工企业（图 3-25）。

图 3-24　日本占领时期沈阳化工股份有限公司图
（图片来源：《辽宁省化工志》）

图 3-25　现今沈阳化工股份有限公司图
（图片来源：《辽宁省化工志》）

①技术更新

沈阳化工股份有限公司生产的化工产品总类多达 40 多种，本书主要对其各时期以烧碱工业技术为核心的主要产品进行归纳总结，来看技术推动下企业发展情况。如表 3-10 所示，在不同历史时期下，烧碱技术从水银电解逐渐提升到金属阳极电解，扩展了产品种类和整体产量。1978 年同中华人民共和国成立初期比较，产品由 10种发展到 30 多种，主要产品烧碱增长 45 倍，汽缸油增长 127 倍，盐酸增长 100 倍，工业总产值增长 129 倍。

表 3-10　沈阳化工股份有限公司技术更新统计表

建设年代		政治背景	主要产品	烧碱技术更新
日本占领时期	1937—1945 年	日本占领时期下东北经济全面发展	烧碱、盐酸、漂白粉、液氯	水银电解槽
国民党接管时期	1946—1948 年	国民党统治下政府腐败，风气不良，无任何投产建设	烧碱、盐酸、漂白粉	
中华人民共和国成立后	1949—1959 年	苏联援助中国重点项目建设时期	烧碱、盐酸、汽缸油、盐酸、漂白粉	隔膜式电解槽
	1960—1969 年	我国工业自主研发重点建设时期	烧碱、盐酸、汽缸油、六六六原粉	水平隔膜波浪槽
	1970—1978 年	"文革"影响下的工业发展阶段	烧碱、盐酸、汽缸油、六六六原粉、抗极压齿轮油	金属阳级电解槽
	1978 年至今	改革开放	烧碱、盐酸、六六六原粉、众多有机化工原料	

②产品销售

在日本占领时期，化工行业已经可以生产多样化的烧碱产品，主要供应钢铁、石油、纺织等行业。中华人民共和国成立后，在技术更新的带动下产品种类更加丰富，销售范围几乎涵盖工业各个产业门类，其产品销量已经供应我国大部分省域并出口国外。

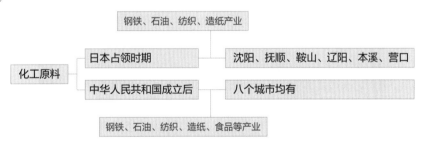

图 3-26　不同时期沈阳化工股份有限公司销售示意图

（5）机械制造

机械制造为近现代工业加工生产提供了设备保障，是整个工业产业中较为重要的产业类别，以沈阳第一机床厂为代表的机械制造工业遗产企业共有 33 家，其中大部分企业位于沈阳，整体代表了以沈阳为核心的沈阳经济区近现代历程中机械制造工业产业发展的进程。

沈阳第一机床厂始建于 1935 年，前身为三菱机器株式会社（图 3-27）。建成时期正逢日本占领下沈阳机械加工业的迅速发展时期，企业成为当时在沈阳乃至东北规模较大的为军工和地方服务的机械加工制造工厂。中华人民共和国成立后，沈阳第一机床厂被确定为"一五"时期重点工程项目之一，20世纪60年代就发展成为享誉国内外的名牌机床企业，现今已发展成辽宁省机床机械生产龙头企业（图3-28）。

图 3-27　日本占领时期沈阳第一机床厂车间图
（图片来源：沈阳档案资料）

图 3-28　现今沈阳第一机床厂车间图
（图片来源：沈阳第一机床厂博客）

①技术更新

在外在政治背景的影响下，沈阳第一机床厂机床研发经历了半机械化—全机械化—数控化—电子计算机辅助综合机床工业，产品种类满足汽车、钢铁、矿产等产业的生产加工设备需求。翻阅沈阳、辽宁省机械工业志等资料，归纳出沈阳第一机床厂的技术在不同历史时期的演变如表3-11所示。

表 3-11　沈阳第一机床厂技术更新统计表

建设年代		政治背景	技术更新	主要产品
日本占领时期	1937—1945 年	日本占领时期东北经济较快发展	半机械化车床	
国民党接管时期	1946—1948 年	国民党统治下政府腐败，风气不良，无任何投产建设	无	
中华人民共和国成立后	1949—1959 年	苏联援助中国重点项目建设时期	皮带车床、普通车床研发	六尺皮带车床、普通车床 C620-1
	1960—1969 年	我国工业自主研发重点建设时期	大型多功能机械化车床研发	管接头镗孔机床、CW61100 型号普通车床
	1970—1978 年	"文革"影响下的工业发展阶段	综合型数控车床研发	CA6140 普通车床、普及型数控车床 CK6163B
	1978 年至今	改革开放		电子计算机辅助综合型多样数控车床研发

②产品销售

机床类机械制造是为行业提供生产机械设备，其销售直接面向石油冶炼、金属冶炼、汽车制造等产业，因此本研究主要确定其产品销售针对的产业类别所在地。

在日本占领时期，沈阳已经成为主要机械制造产业集聚中心，当时沈阳第一机床厂产品主要供应沈阳及其周边的军工类车辆生产行业（图 3-29）。中华人民共和国成立后，在我国工业发展技术更新的推动下，其产品逐渐向综合性多元化发展，销售面向石油冶炼、金属冶炼和车辆生产等众多行业并且销售地点涵盖整个区域范畴，更面向全国和世界。

图 3-29　不同时期沈阳第一机床厂销售示意图

3.4.4.3　工业遗产内在产业联系

沈阳经济区不同产业的工业遗产之间存在着相关产业关联，并形成上下游产业链体系，其内部的货物流通、供需关系、空间布局等在整个区域范畴内形成一个区域整体。经济区内部最主要的三个产业链体系为煤化工、石化工和金属冶炼（表 3-12、表 3-13）。整体上各产业链在日本占领时期就已形成，在中华人民共和国成立后进行产业升级和产品销路的扩张。

表 3-12 各产业链内部产业划分表

产业链	上游——能源工业	中游——原材料工业		下游——加工工业
		企业类型	中间产物	
煤化工	煤矿开采	化工企业	燃料油	交通运输、钢铁
石油化工	煤、石油开采	石化企业	化工原材料	纺织、造纸、食品
金属冶炼	铁、煤开采	冶金企业	钢材	机械、专用设备制造

表 3-13 各产业链体系下工业遗产典型代表企业统计表

产业链	上游——能源工业	中游——原材料工业	下游——加工工业
煤化工	西露天矿	沈阳化工股份有限公司	沈阳纺纱厂、沈阳新华印刷厂
	本溪湖煤矿	辽阳水泥制品厂	辽阳麻纺织厂、辽阳工业纸版厂
石油化工	西露天矿	抚顺石化公司石油一厂	鞍山钢铁集团、本溪钢铁集团、沈阳大亨铁工厂
钢铁冶炼	大孤山铁矿	鞍山钢铁集团	鞍山钢铁集团、沈阳大亨铁工厂
	南芬露天铁矿	本溪钢铁集团	本溪钢铁集团、辽宁庆阳特种化工有限公司

如图 3-30～图 3-32，产业链上游能源工业中，煤矿、铁矿区域以鞍山、抚顺、铁岭、阜新为主；产业链中游原材料工业中，石油冶炼以抚顺为主，化工原料加工以辽阳和沈阳为主，金属冶炼以本溪、鞍山为主；产业链下游加工工业中，机械制造以沈阳为主，纺织和造纸以辽阳、营口为主。

沿铁路和河流的交通运输线路最终确定各城市之间三个产业链产业关联体系。如图 3-33 所示，整体上抚顺、本溪、鞍山是以上中游产业为主的资源深加工型城市，阜新、铁岭是以上下游产业为主的资源开采型城市，沈阳、营口、辽阳是以中下游产业为主的综合加工型城市。

图 3-30　各城市产业链上游能源工业分布图

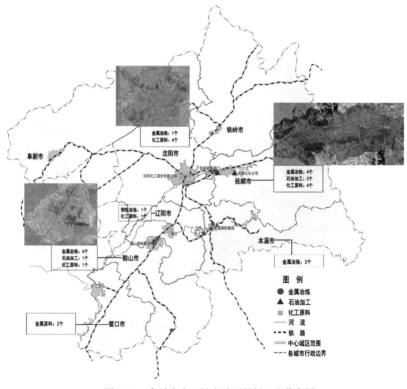

图 3-31　各城市产业链中游原材料工业分布图

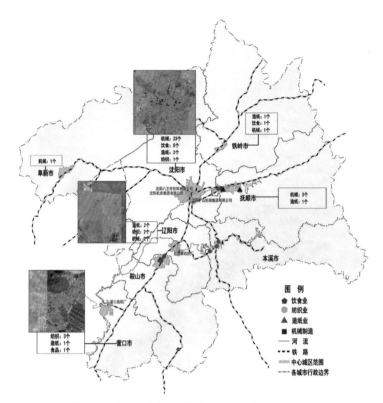

图 3-32　各城市产业链下游加工工业分布图

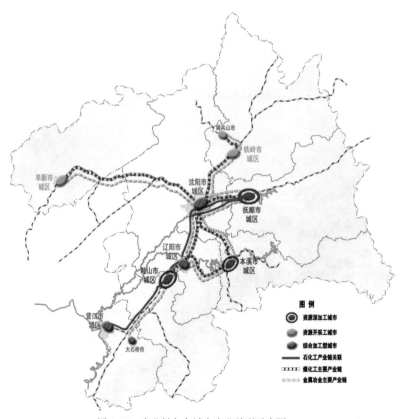

图 3-33　产业链与各城市产业关联示意图

第4章

工业遗产综合价值评价与分级

———————————————————————————————

当前，国内外学术界对于文化遗产价值的相关研究已经较为全面了，主要研究方法是对那些具备遗产价值的文化遗存，以文物学、历史学、人文地理学等学科为基础，特别强调文化遗产的历史价值和内涵，试图通过文化遗产的原真性和唯一性建立评价体系，进而对文化遗产的价值进行评价。本章将从工业遗产本体价值和工业遗产集聚区两个层次建立沈阳经济区工业遗产的价值评价体系，对其进行评价分级，为下文影响因素评价和空间格局建构提供基本依据。

4.1 价值评价原则与分级

4.1.1 评价原则

近年来，许多学者从不同角度探讨工业遗产价值评价问题，本书结合沈阳经济区工业遗产的历史背景和现实基础，在研究工业遗产本身价值的基础上，突破局部限制因素，以区域观和整体观为基础，确定沈阳经济区工业遗产的分层次区域评价体系。采用定性＋定量的研究方法，结合价值因子评价方法，探索区域工业遗产整体性的综合价值，从而确定工业遗产的价值等级。

价值因子选取原则主要包括全面性、代表性、灵活性和科学性四个方面，具体如下：

（1）全面性

工业遗产不仅仅是工业遗存，它还有着丰富的历史文化内涵，包含着历史、科学、文化等各方面，因此在选取价值因子时，应该全面反映其主要属性。

（2）代表性

影响工业遗产的价值因素很多，不可能全部都选取，这时候就需要抓住主要矛盾，突出共性，从众多价值因子当中选取具有代表性的作为重点代表的评价因子。

（3）灵活性

价值因子的确定标准也不是一成不变的，随着相关研究的不断深入以及实践经验的积累，所选取的价值因子也应该与时俱进，保证具有动态的灵活性，这样才能符合时代发展的需要。

（4）科学性

选取价值因子时，要科学选取价值因子，保证所选的每个价值因子都能够客观、全面地反映沈阳经济区工业遗产的最本质特征，避免重复。

4.1.2 分级评价

工业遗产是文化遗产的一种特殊类型，沈阳经济区内各城市工业遗产作为辽宁省乃至东北地区工业文明产物的一部分，具有重要的历史记忆与身份认同的价值。由于覆盖区域范畴较大，工业遗产构成具有整体性和层次性特征，有必要从工业遗产本体企事业单位和工业遗产集聚区两个层次对区域内工业遗产综合价值进行评价。

每个层次根据相应价值标准制定评价体系，具体来讲，工业遗产企事业单位评价运用定量与定性相结合的方法，从历史赋予的本体价值和保护利用的实际价值两个方面分别进行系统的价值评价，然后综合这两个方面进行工业企事业单位的整体分级。工业遗产集聚区评价主要运用定性评价方法，利用GIS空间分析技术确定工业遗产集聚区，并以工业遗产企事业单位评价结果为依据，对工业遗产集聚区进行定性评价（图4-1）。

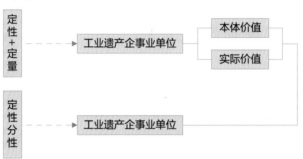

图 4-1 工业遗产价值分层评价技术路线

4.2 工业遗产本体价值评价

4.2.1 价值构成

本书在充分借鉴相关学者研究的基础上，结合沈阳经济区工业遗产企事业单位的现状特征和我国《文物保护法》中对遗产价值的认定，最终确定沈阳经济区工业遗产评价标准主要分为历史给予的本体价值评价和保护利用的实际价值评价。

4.2.1.1 历史给予的本体价值评价（表4-1）

（1）历史价值

由于不同的时代记忆体现在不同时期遗存下来的工业遗产建（构）筑物及企业本身的历史底蕴当中，沈阳经济区工业遗产作为东北地区近现代工业的重要历史见证，不仅反映了近现代重工业发展历程，也反映了洋务运动、民族资本兴起、外国资本入侵、中华人民共和国工业复兴等不同时期的社会背景，因此其历史价值非常厚重。

在历史价值评价标准中，整体分为历史年代和历史事件、相关人物两部分，每部分 10 分，评价标准主要如下：

①能够突出实践和空间界限，能够突出体现特定历史时期下的社会风气、生产和生活方式等。

②企业内发生过的重要历史事件和重要模范人物，对现今均有一定影响。

（2）原真价值

工业遗产建（构）筑物的现状完好情况是研究工业遗产的重要基础。沈阳经济区内工业遗产中，很多企业厂区风貌和内部建（构）筑物以及厂房保存较为完整，尤其是各城市城区内部的工业遗产，虽然部分由于发展原因更换了功能或者停止使用，但是整体的风貌保存较好，具有较为重要的原真价值。

在原真价值评价标准中，整体分为设施单体遗存和产业风貌遗存两部分，每部分 14 分，评价标准主要如下：

①工业遗产企业与周边环境风貌的完好程度。

②企业内部具有重大历史意义和工业生产重要建（构）筑物保存的完好程度。

（3）文化价值

工业遗产文化价值是无形的、非物质的，而且具有多变性、主观性、地域性，其判断标准是多元的，要依据地域历史文化和环境背景进行判定。对于沈阳经济区工业遗产，文化价值主要体现在企业文化和社会多样性方面。挖掘其文化价值主要是在各城市地方工业志、历史志和重点企业以及各个工业文档记录中找寻工业遗产对当时社会文化的影响力。

在文化价值评价标准中，整体分为社会发展贡献和企业文化认同两部分，每部分 10 分，评价标准主要如下：

①工业遗产企业在城市发展中对社会作出的重大贡献，在城市企业中是否拥有较高地位。

②工业遗产具有对社会发展阶段的认识作用、教育作用和公证作用。

③场所对社会群体的精神意义和认同感。

（4）艺术价值

建筑结构、形式较为新颖、美观的高品质的工业遗产，其建（构）筑物外观的独特性和企业技术流程的先进性，在审美上均具有较强的艺术价值。沈阳经济区工业遗产拥有日式、俄式和苏式三种外观建筑风格，并融合当时历史时期下我国的建筑形式，在建筑外观和结构形态上形成现今独具特色的艺术价值。另外沈阳经济区内拥有众多矿产工业遗产，其矿区厂房和大型挖掘建筑均会给人在视觉和心理上产生较大冲击。

在艺术价值评价标准中，整体分为建筑单体美学和产业风貌特征两部分，每部分 10 分，评价标准主要如下：

①建筑艺术，包括空间结构、装饰、造型等反映特定历史时期建筑风格。

②产业风貌下整体景观艺术，包括建（构）筑物、单体设施零件、区域整体环境表现出来的艺术效果和感染力。

（5）独特价值

工业遗产的生产格局、环境、尺度充分体现了工业历史原貌特征，并且具有这一历史时期的代表性，其在历史发展演变下比较独特和稀缺，在现今具有较强的独特价值。沈阳经济区内工业发展演变中，由于保护力度较弱，许多工业遗产的产业文化、建筑形式、历史风貌等均为现存的孤本或具有重要的稀缺性。

在独特价值评价中，分独特性和稀缺性两部分，每部分6分，评价标准主要如下：

①在现有历史遗存中，其年代、类型具有代表性。

②其建筑、设备或生产技术属国内罕见。

表4-1　历史给予的本体价值指标体系表

评价内容	分项指标	标准分值			
历史价值（20）	历史年代	1840—1910年（10）	1911—1930年（8）	1931—1948年（6）	1949—1978年（3）
	历史事件、相关人物	特别突出（10）	比较突出（6）	一般（3）	无（0）
原真价值（28）	设施单体遗存	特别突出（14）	比较突出（10）	一般（6）	无（0）
	产业风貌遗存	特别突出（14）	比较突出（10）	一般（6）	无（0）
文化价值（20）	社会发展贡献	特别突出（10）	比较突出（6）	一般（3）	无（0）
	企业文化认同	特别突出（10）	比较突出（6）	一般（3）	无（0）
艺术价值（20）	建筑单体美学	特别突出（10）	比较突出（6）	一般（3）	无（0）
	产业风貌特征	特别突出（10）	比较突出（6）	一般（3）	无（0）
独特价值（12）	独特性	特别突出（6）	比较突出（3）	一般（1）	无（0）
	稀缺性	特别突出（6）	比较突出（3）	一般（1）	无（0）

4.2.1.2　保护利用的实际价值评价（表 4-2）

（1）区域位置

工业遗产所处区位和周边交通是决定遗产开发再利用的重要因素。工业遗产的区位优势和周边交通便利条件越明显，其再利用的可能性越大，再利用之后的效果和影响力也越强。工业遗产周边的用地属性也是影响其再利用功能的重要因素。

在区域位置评价标准中，整体分为区位优势和交通条件两部分，分别为 15 分和 10 分，评价标准主要如下：

①工业遗产所处城市中心、郊区或偏远工矿区域，且其周边用地的用地性质为商业、居住、行政、绿地或农田，对再利用开发均有不同程度的影响。

②工业遗产所在位置和周边地区的铁路交通、公共交通或其他出行交通，是否具有便利性、可达性和便捷性。

（2）建筑质量

工业遗产的建筑保存完好程度、建筑质量情况和结构的安全性，直接涉及是否对其进行改建、扩建或是重建，直接关系到保护再利用的用途、建筑风貌和经济效益。

在建筑质量评价标准中，整体分为结构安全性和整体完好程度两部分，分别为 15 分和 10 分，评价标准主要如下：

①工业遗产建（构）筑物结构，是否会对建筑的使用产生不便并且对人员活动产生危险。

②工业遗产现存状况是否完整，如果需要在此基础上改建、扩建，是否改变其整体风貌完好程度。

（3）技术价值

工业遗产作为近现代工业文明重要代表，反映社会科学的发展历程。其技术价值涵盖工矿厂区勘探选址、基于工艺流程的厂房车间、机械设备的建设、产品设计、生产和改革更新等方面。

在技术价值评价标准中，分为工艺先进性和工程技术性两部分，分别为 15 分和 10 分，评价标准主要如下：

①工业遗产整体的空间布局、内部的厂区布局、工艺流程，代表了当时科技水平。

②本身是某种科学实验或交通等的设施或场所，体现先进性和合理性。

（4）经济价值

工业遗产在完全封存状态下进行保护是没有任何意义的，需要对其在保护的基础上进行开发利用，为社会和人们带来经济价值。现今在工业遗产保护中，众多学者和专家均在探讨如何在利用中发挥其经济价值，让其再为社会和居民所用。

在经济价值评价标准中，整体分为结构利用和空间利用两部分，分别为 15 分和 10 分，评价标准主要如下：

①建（构）筑物结构的坚固性是否能为再利用节省资金和建设周期。

②建（构）筑物外围是否具有大的空间环境与周边用地协调发展，能否再利用

开发为具有连续性的文化场所，提升区域的吸引力。

表4-2　保护利用的实际价值指标体系表

评价内容	分项指标	标准分值				
区域位置 （25）	区位优势	突出 （15）	很好 （10）	较好 （5）	一般 （0）	不好 （-3）
	交通条件	突出 （10）	很好 （5）	较好 （2）	一般 （0）	不好 （-2）
建筑质量 （25）	结构安全性	突出 （15）	很好 （10）	较好 （5）	一般 （0）	不好 （-3）
	整体完好程度	突出 （10）	很好 （5）	较好 （2）	一般 （0）	不好 （-2）
技术价值 （25）	工艺先进性	突出 （15）	很好 （10）	较好 （5）	一般 （0）	不好 （-3）
	工程技术性	突出 （10）	很好 （5）	较好 （2）	一般 （0）	不好 （-2）
经济价值 （25）	结构利用	突出 （15）	很好 （10）	较好 （5）	一般 （0）	不好 （-3）
	空间利用	突出 （10）	很好 （5）	较好 （2）	一般 （0）	不好 （-2）

4.2.2　价值评价

　　根据制定的价值因子、评价标准及方法，对沈阳经济区工业遗产从历史给予的本体价值和保护利用的实际价值两个方面分别进行系统的价值评价，最终得到整体统计结果见附表Ⅳ。

　　对沈阳经济区工业遗产历史给予的本体价值进行逐一评价，如图4-2所示，根据评价得出的分数整体相差较大，207个工业遗产中能够达到70分以上的工业遗产仅有32个，多集中于56～70分和35～55分。评分达到70分以上的具有以下特征：最能代表区域内近现代工业发展历程，在全国或地区范围内具有较高影响力，并与重要人物或重大事件相关。评分在56～70分之内的具有以下特征：具有本地影响力，并与本地重要人物或重大事件相关。评分在35～55分之内的具有以下特征：历史遗存较少，但是整体规模具有一定影响能力，相比较前两个等级而言，艺术价值和独特价值较低。评分在35分以下的具有以下特征：工业遗产整体遗存状况较差，物质性遗存较少，仅有历史和文化价值。如图4-3所示，沈阳、抚顺、鞍山工业遗产较多且得分较高,说明这三个城市为近现代沈阳经济区工业发展的中心地位。而铁岭、辽阳、阜新工业遗产较少且多分布在 55 分以下,说明这些城市在近现代工业发展中仅起到工业辅助作用。

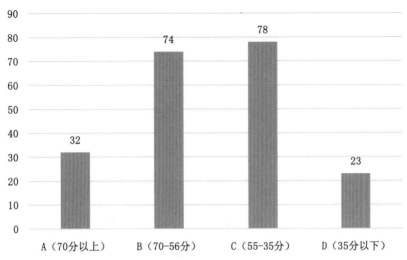

图 4-2　沈阳经济区工业遗产历史给予的本体价值柱状图

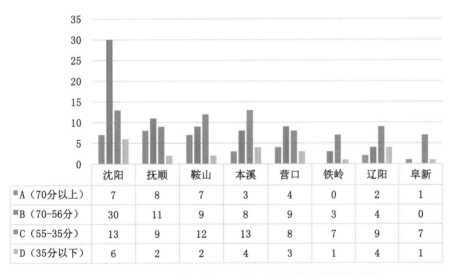

	沈阳	抚顺	鞍山	本溪	营口	铁岭	辽阳	阜新
A(70分以上)	7	8	7	3	4	0	2	1
B(70-56分)	30	11	9	8	9	3	4	0
C(55-35分)	13	9	12	13	8	7	9	7
D(35分以下)	6	2	2	4	3	1	4	1

图 4-3　沈阳经济区各城市工业遗产历史给予的本体价值柱状图

对沈阳经济区工业遗产保护利用实际价值进行逐一评价,如图 4-4 所示,不同分数段工业遗产数量与本体价值评价具有一定出入,主要因为部分工业遗产由于其经济实力、科技支持和政府用地导向等各方面因素作用下,其在保护利用上具有较大的潜力和实力,在本体价值基础上保护利用价值上升;反之部分工业遗产保护利用潜力和实力较弱,导致本体价值基础上保护利用价值下降。其中以奉天纺纱厂、抚顺特殊钢厂、北台钢铁厂、铁法矿务局等为典型代表的工业遗产,在本体价值基础上结合其现今遗存状态和政府制定的保护和发展措施,其保护再利用价值上升;以红梅味精厂、鞍山满铁医院旧址、国营营口染织厂等为代表的工业遗产在城区土地快速扩张过程中，处于原址拆除或搬迁范围内的，在本体价值基础上保护再利用价值下降（图4-5）。

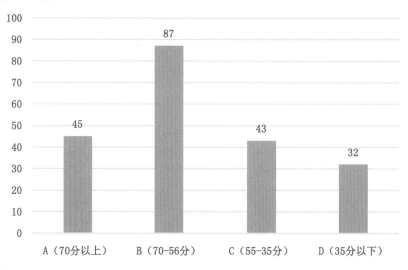

图 4-4　沈阳经济区工业遗产保护利用实际价值柱状图

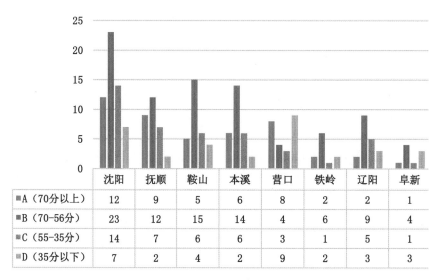

	沈阳	抚顺	鞍山	本溪	营口	铁岭	辽阳	阜新
■A（70分以上）	12	9	5	6	8	2	2	1
■B（70-56分）	23	12	15	14	4	6	9	4
■C（55-35分）	14	7	6	6	3	1	5	1
■D（35分以下）	7	2	4	2	9	2	3	3

图 4-5　沈阳经济区各城市工业遗产保护利用实际价值柱状图

4.2.3　价值分级

（1）分级标准体系

工业遗产的综合价值是工业遗产的价值内涵，为找出典型代表重塑当年工业辉煌历史，带动区域工业文化复兴腾飞，本书以每个工业遗产的保护利用的实际价值、历史给予的本体价值为基础结合两者价值评价来进行工业遗产的价值分级，依据其重要程度共分为四个等级——核心、潜在、一般和普通，具体见表4-3。

表 4-3 价值评价分级标准及保护再利用内容

等级划分	价值评价	价值分级及保护再利用
一级（Ⅰ）	很高 （＞70分）	核心：区位条件、建筑质量等因素影响下工业遗产拥有很高保护利用价值，制定严格保护措施，严禁破坏其外观、空间结构和周边环境的景观风貌。依据不同使用性质在不影响保护工作的前提下，合理高效地充分再利用
二级（Ⅱ）	较高 （56~70分）	潜在：拥有较高的未来保护再利用开发基础，针对不同等级本体现状遗存制定相应保护措施，对原址进行保护、修护、改造、重建等不同程度的保护，维护好遗存周边景观风貌，依据周边环境和功能结构确定不同的使用用途
三级（Ⅲ）	一般 （35~55分）	一般：应尽量做好各工业遗产自身的保护修复，在此基础上对于遗存状态较好的对其空间进行适当的开发利用
四级（Ⅳ）	较低 （＜35分）	普通：整体价值低，在未来实施利用的可能性较小，经济开发价值较低，所以应对这种遗产点进行修复，日后再根据实际情况采取妥善的保护措施，如果难度太大应拍照存档

（2）分级主要内容

沈阳经济区内工业遗产点价值分级归纳统计见附表Ⅳ，从图 4-6 中可以很清晰地看出沈阳经济区内不同等级工业遗产点的等级特征，整体以具有较高保护和利用价值的核心、潜在工业遗产点居多。根据工业遗产的级别，可以确定工业遗产在不同区域中呈现出的保护和再利用级别的特征，为确定工业遗产集聚区的总体价值评价和制订各区域工业遗产保护规划提供参考依据。

以综合加工型产业为主的沈阳城区内以铁路为核心，形成铁西、大东两个的工业遗产密集区，整体以核心和潜在工业遗产点为主，一般工业遗产点为辅。营口、

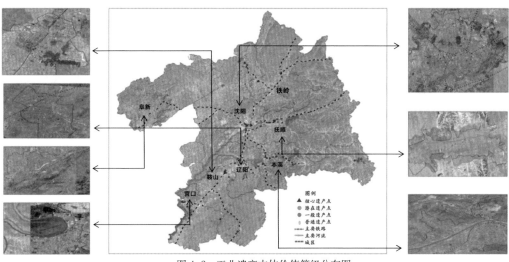

图 4-6 工业遗产本体价值等级分布图

辽阳城区内部工业遗产点沿河流和铁路分散分布，整体以潜在和一般遗产点为主。以资源深加工型产业为主的抚顺、鞍山、本溪城区内沿铁路和矿产资源密集分布着大量以开采、冶炼和加工为主的核心和潜在工业遗产点，形成"以矿兴城，以城养矿"的综合型城市。以资源开采型产业为主的阜新城区内部工业遗产点较少，主要以潜在遗产点为主。

4.3 工业遗产集聚区价值评价

4.3.1 集聚区划定

由上文可知，沈阳经济区内工业遗产点数量较多且覆盖区域较广泛，其在空间分布上存在集聚或分散的特点，采用多距离空间聚类分析方法来判断其在大尺度下，不同等级遗产点在多少空间尺度下呈现集聚和分散分布，并利用核密度分析方法判断其集聚或分散状态，以此为依据来确定工业遗产综合价值下的工业遗产集聚区的划定和空间布局特征。

4.3.1.1 工业遗产集聚区空间分布

根据以上工业遗产工业企业单位的评价分级情况，针对区域不同等级综合价值工业遗产点的分布情况，利用 ArcGIS 空间分析进行多距离空间聚类分析（Ripley's K 函数），得到如图 4-7 所示的结果，通过计算机预测的 K 值（Expected K）和实际计算的 K 值（Observed K）曲线在 1.5 千米以下呈现集聚趋势，在 1.5 千米以上呈现分散趋势。所以工业遗产点的集聚和分散的临界距离值为 1.5 千米。

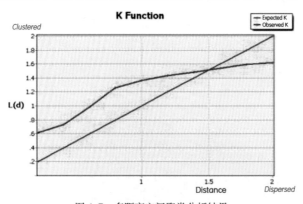

图 4-7 多距离空间聚类分析结果

启动 ArcMap 核密度分析，通过核密度制图来显示点的集聚情形，在分析中以集聚分布的临界值 1.5 千米为搜索半径，最终确定工业遗产形成以沿城区及周边集聚分布，外围沿铁路和矿产分散分布为主的核密度图（图 4-8）。

以工业遗产核密度的集聚程度为基础，结合各工业遗产企事业单位的占地规模和周边自然环境，选取工业遗产点集聚较多或占据规模在 1 千米以上的大规模区域为此次所研究的工业遗产集聚区，最终确定区域内共存 33 个工业遗产集聚区（图4-9）。

图 4-8 工业遗产核密度分析图

图 4-9 工业遗产集聚区分布图

4.3.1.2 工业遗产集聚区布局模式

通过对沈阳经济区工业遗产的本体价值集聚分布状态的分析，以及工业遗产集聚区的划定，结合各城市工业发展环境、政策等影响作用，可以将工业遗产集聚区整体分为以下五种布局模式，具体见附表V。

（1）矿产工业集聚模式

沈阳经济区以抚顺、本溪为矿产工业集聚典型布局模式，这两个城市有丰富的矿产资源，受日本占领统治的影响，从民国初期开始逐步形成了以矿产开采为核心，沿周边建立的大型采矿—选矿—加工—制造纵向产业链条，内部形成拥有原材料加工冶炼工厂、机械制造工厂等众多厂区的综合性工业集聚区。随着20世纪城区土地置换构建生态健康城市以来，众多大型重污染企业外迁，导致现今矿产工业集聚区多位于城区边缘地带。

（2）交通沿线集聚模式

沈阳经济区内各类型城市工业遗产集聚区均沿交通运输沿线呈集聚或分散的分布状态。由于铁路、公路是保障近现代工业发展、货物流通的重要基础，工厂为获得区位优势选择了沿交通运输线布置的形式。以沈阳、抚顺、鞍山为典型代表，众多工业遗产集聚区沿铁路和公路线进行布局。水运交通在近现代沈阳经济区工业流通上的作用要远远弱于铁路运输，但作为工业生产必不可少的水源地，工厂也会选址在河流附近，以辽阳、本溪、营口为典型代表，众多工业遗产集聚区在城区内部及近郊地区沿太子河、大辽河进行布局。

（3）大中型企业集聚模式

沈阳经济区有众多工业遗产是在中华人民共和国成立初期，按照国家计划经济部署，在苏联的技术援助下，我国以原有日本遗留工业企业为基础进行的大规模的经济建设所形成的工业遗产企业。以沈阳、抚顺、鞍山为典型代表，众多工业遗产集聚区规模较大，在20世纪对当地居民的生活、工作及周边文化均产生深远影响，多位于城区边缘或近郊。

（4）中小型企业分散模式

在沈阳经济区被日本入侵占领时期，许多近现代的民族企业发展较快，对当时我国民族资本的崛起和国民推翻殖民统治起到了至关重要的作用。其所承载的工业文化和民族精神对当地居民有一定影响，需要我们进行传承和歌颂。受当时日本入侵占领的影响，其中一些中小型企业多分散在城区近郊或远郊地区。

（5）资源开采分散点模式

由于沈阳经济区内矿产资源丰富且分布区域广泛，所以工业遗产集聚区除了以上四种布局模式外，还存在独立或分散分布的矿产资源开采模式。以本溪、鞍山为典型代表，众多规模宏大的矿产类工业遗产集聚区在郊区沿铁路运输线分布，辐射带动周边乡镇经济发展。

4.3.2 价值评价

工业遗产聚集区的价值评价主要采用定性描述方法进行分类。根据以上遗产点与企业单位的分布和价值评价情况，结合工业遗产集聚区的内在影响和外在布局的双重作用，从工业遗产集聚区历史文化、工业遗产本体价值等级、遗存状态、工业遗产数量、整体规模范围五个方面对 33 个集聚区进行定性评价，具体如下：

（1）集聚区历史文化

工业遗产集聚区的历史文化不仅将每个时代的工业文明都浓缩在典型工业遗产中，而且代表着在这片区域生活的居民在文化、生活、工作等方面受当时工业熏陶的工业文化生活。以沈阳铁西工业集聚区为例，以铁西工人村（图 4-10）、铸造博物馆（图 4-11）、红梅味精厂（图 4-12）等代表铁西工业的悠久历史。

图 4-10　铁西工人村鸟瞰
（图片来源：腾讯大辽网）

图 4-11　铸造博物馆内部景观

图 4-12　红梅味精厂内部景观

（2）遗存状态

工业遗产集聚区整体格局与风貌的保存状态，是集聚区在未来保护和开发再利用的重要基础保障。依托各城市工业志，以现场调研为主，以网络地图软件为辅，将各工业集聚区依据遗存状态分为3个等级：完好、较好、一般。

完好：以鞍钢集团工业生产集聚区为例（图4-13），其内部拥有众多具有悠久历史的工厂和车间，并且保存着完好的道路路网和铁路运输线路和能够体现当时工业文明的生产和生活场所。

较好：以北台铁矿开采加工集聚区为例（图4-14），其以矿产资源开采为中心进行铁矿冶炼加工，整体矿坑开采风貌和周边大型工厂企业保存较好。

一般：以锅底山铁矿开采区为例，其仅剩开采遗留下来的矿坑，整体风貌遗存不能完全体现当时的工业状态。

图4-13　鞍钢集团工业生产集聚区景观图
（图片来源：google 卫星地图）

图4-14　北台铁矿开采加工集聚区景观图
（图片来源：google 卫星地图）

（3）工业遗产数量

工业遗产集聚区内的工业遗产数量是衡量这个集聚区工业文化价值的一个重要标准，内部工业遗产数量多代表着区域工业文化丰富、工业底蕴浓厚。以奉天驿沿线民族工业集聚区为例，沿铁路集聚众多铁路工业企业，如奉天驿、南满铁道株式会社总部旧址等（图4-15、图4-16），在未来保护开发中可以依托中山路历史文化建筑群打造片区铁路文化线路，带动地区的铁路工业文化游。

图 4-15　原奉天驿外观图　　　　　　　图 4-16　原南满铁道株式会社总部旧址外观图

（4）有无核心、潜在企业

以工业遗产本体价值评价为基础，核心和潜在的工业遗产企业代表着这个集聚区内工业文化底蕴浓厚且拥有较高的工业文化价值，如拥有浓厚历史底蕴和未来开发利用价值的西露天矿开采区和抚顺发电有限责任公司（图4-17、图4-18），在以后保护和开发利用中可借助这些有代表性的大型矿区和典型企事业单位振兴工业文化，带动周边工业旅游发展。反之没有核心和潜在的工业遗产，以白塔地区纸业制造集聚区为例，缺少具有龙头带动作用的核心工业遗产，在保护和开发利用中较为困难。

图 4-17　西露天矿开采区局部景观图　　　　图 4-18　抚顺发电有限责任公司局部景观图

（5）整体规模范围

工业遗产集聚区的规模范围与工业遗产数量一样，是衡量这个集聚区工业文化价值的一个重要标准。但是许多集聚区内部工业遗产数量较少，多为沈阳经济区特殊的历史背景下所产生的矿产工业遗产。虽然数量少，但是占据规模较大，如鞍山大孤山铁矿、本溪歪头山铁矿开采区（图4-19、图4-20），工业遗产较多的工业遗产集聚区还要养育周边村庄或城镇的居民，这些集聚区的辐射范围和等级较高。

图4-19　大孤山铁矿开采区景观图
（图片来源：google卫星地图）

图4-20　歪头山铁矿开采区景观图
（图片来源：google卫星地图）

4.3.3　价值分级

依据上节对33个工业遗产集聚区从5个方面进行评价分析，最终将工业遗产集聚区分为以下两个等级：

一级：工业集聚区整体格局与风貌保存较好，工业遗产点多且密集，有重大影响的核心工业企业单位分布的区域，或少量有核心工业企业单位但规模较大对周边有较深影响的区域。

二级：工业集聚区整体产业风貌保存一般，虽然工业遗产点较多但是无核心工业企业单位分布，或有核心工业企业单位分布但数量少且规模小，整体对周边环境影响较弱。

依据价值分级最终确定沈阳经济区各城市工业遗产集聚区评价分级，如表4-4。一级工业集聚区24个，主要分布于8个地级市的城区内及近郊地区或沿铁路线路郊区矿产资源丰富地带，整体工业遗产景观风貌保存完好，工业遗产点保存较多且质量较高，能够反映当时工业繁盛时期文化特征，内部具有重大意义的核心工业遗产很多。这24个工业遗产集聚区在城区内部多以大中型企业集聚模式进行密集分布，边缘及近郊多以矿产工业集聚模式分布，远郊多以资源开采分散点模式分布。二级工业集聚区9个，多位于城区边缘及近郊或远郊镇区及矿区，内部核心工业遗产较少，潜在工业遗产有很多，能够看出当年的工业格局，但是整体风貌保存较差。这9个工业遗产集聚区在城区边缘及近郊多以大众企业进行分布，远郊镇区及矿区多以交通沿线集聚模式或资源开采分散点模式分布。

表 4-4　工业遗产集聚区评价分级统计表

等级	总个数	城市	个数	工业遗产集聚区
一级	24	沈阳	4	铁西重工业集聚区
				奉天驿沿线工业集聚区
				大东军工集聚区
				康平地区煤矿集聚区
		抚顺	3	望花重工业集聚区
				浑河南岸矿产开发集聚区
				东洲河沿线石化工业区
		辽阳	3	庆阳军工生产区
				太子河南侧化工集聚区
				弓长岭铁矿集聚区
		鞍山	3	鞍钢集团工业生产集聚区
				鞍钢集团生活服务集聚区
				大孤山铁矿开采区
		本溪	5	太子河南岸钢铁加工区
				本溪湖煤铁公司集聚区
				本溪湖煤矿开采区
				歪头山铁矿开采区
				南芬区铁矿开采区
		营口	4	营口造纸化工集聚区
				大辽河沿岸轻工业集聚区
				营口制盐化工工业集聚区
				大石桥菱镁矿开采区
		铁岭	1	铁法煤矿开采集聚区
		阜新	1	海州露天矿产集聚区

等级	总个数	城市	个数	工业遗产集聚区
二级	9	抚顺	1	浑河尾端电力发电集聚区
		辽阳	3	宝镜山石灰石矿开采区
				白塔纸业制造集聚区
				寒岭铁矿区
		鞍山	2	沙河北岸机械工业集聚区
				东鞍山铁矿开采区
		本溪	2	北台铁矿开采加工集聚区
				石灰石矿开采区
		阜新	1	东梁矿开采区

第5章

工业遗产空间格局适宜性评价

随着城市化进程的加快、城市规模的扩张以及生态环境的变化，工业遗产用地受到周边环境相关因素影响，工业遗产整体性破坏等问题日趋严重，因此从遗产区域角度，利用GIS空间分析和最小累积阻力模型，建立工业遗产与周边用地空间中相关影响因素作用下的适宜性评价体系，以此为依据确定区域层面工业遗产空间格局建构的标准和范围十分有意义。

5.1 适宜性评价相关影响因素分析

5.1.1 工业遗产"源"

工业遗产自身综合价值资源是进行工业遗产相关影响因素评价的核心要素，工业遗产在影响因素作用下相互之间的联系是决定工业遗产空间格局的重要基础和核心源地。由于研究区域空间尺度大且遗产点众多，故确定工业遗产"源"主要以第4章工业遗产本体和集聚区评价结果为核心依据，将工业遗产集聚区和外围分散分布的工业遗产企事业单位确定为工业遗产"源"，并确定其综合价值等级（图5-1）。

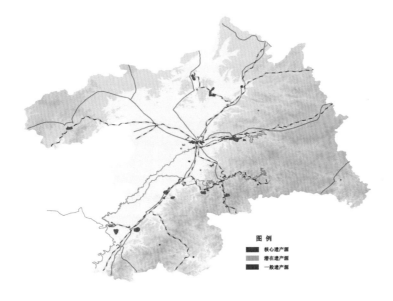

图 5-1 工业遗产源价值等级分布图

5.1.2 自然地理环境

5.1.2.1 土地利用因子

土地利用类型是工业遗产影响因素评价研究的基础，土地利用类型中的草地、林地、农田、矿产资源、河流的分布均对工业遗产源之间进行适宜性分析以及形成潜在廊道网络体系产生重要影响。草地、林地和农田分布主要是影响工业遗产源之间建立相互联系和关联作用强弱的重要因素，是判断遗产源之间形成潜在廊道的基础条件。矿产资源和河流分布在近现代的历程中一直是促进工业遗产源形成的重要因素并且影响工业遗产源空间分布布局，具体如下：

（1）矿产资源

沈阳经济区内拥有大量的煤矿、铁矿、菱镁矿等丰富矿产资源，成为近现代工业发展的重要原材料基地，为工业的建设提供了有利条件。矿产资源成为影响工业遗产空间分布的一个重要的自然因素。

纵观沈阳经济区各城市工业发展史，各城市因具有得天独厚优质大量的原料铁矿石和煤炭矿产资源而先后繁荣起来。从表5-1可看出，各资源型城市核心工业遗产重点企业为满足冶炼铁矿石和煤焦的需求多是围绕矿产资源建立发展。在日本占领时期，由于战时装备和铁路建设的需求，抚顺、鞍山、本溪的钢铁冶炼、煤炭资源开发和产品销售已经成为国际需求。在中华人民共和国成立后，面对全国百废待兴的工业建设和产业发展，在沈阳经济区内矿产资源主要分布区域的抚顺、鞍山、本溪、铁岭以矿产资源为中心成立大型的矿务局，成为支援国家建设的重要的企业单位和原材料供应基地（图5-2）。

表5-1 资源型城市矿产资源与相关重点企业统计表

城市	矿产资源	时间	重点矿产	围绕矿产的核心工业遗产
抚顺	大量煤炭、铁矿、油母页岩资源	1901	西露天矿 老虎台煤矿 东露天铁矿	抚顺电力株式会社、满洲轻金属制造株式会社抚顺工厂、抚顺特殊钢厂、抚顺炭矿制油厂
鞍山	大量铁矿、菱镁矿资源	1916	大孤山铁矿 东鞍山露天铁矿	昭和制钢所
本溪	大量的煤炭资源和铁矿资源	清代	本溪湖煤矿 南芬露天铁矿	本溪湖煤铁有限公司；本溪湖煤铁有限公司第一铁厂、本溪湖煤铁有限公司第二发电厂
铁岭	大量煤炭资源和石灰石资源	1958	大明煤矿 晓明煤矿	—

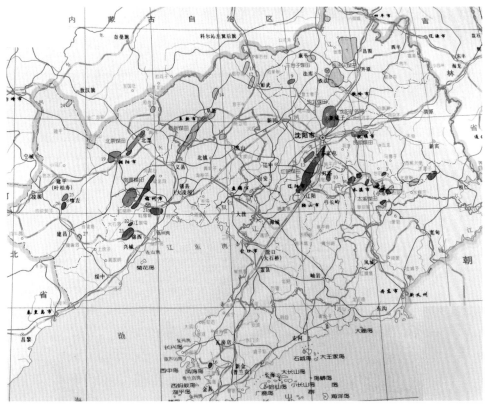

图 5-2　沈阳经济区煤矿资源分布图
（图片来源：参考辽宁省煤炭志自绘）

（2）河流水系

河流在近现代工业发展历程中一直影响着工业布局，由于纺织、造纸、金属冶炼等行业需要大量的水源为工业生产提供保障，所以沈阳经济区内以营口、辽阳为代表的城市均是以河流为中心进行布局（表 5-2）。河流也是工业商品运输的重要通道，在近代工业发展初期主要将周边外省市特色商品、原料和劳动力向区域汇聚。沈阳经济区在日本占领时期以营口港为主航道出入口，将中国的纺织、茶叶等特色产品和国外销往中国的产品用水运进行往来运输，基本形成了以大辽河为主干，太子河和浑河为次干，连系区内小河流构成的水运交通网络。

表 5-2　主要河流途经城市及周边主要工业遗产统计表

主要河流	途径城市	沿河主要工业遗产
大辽河	营口	东北染厂、东亚烟草株式会社旧址、营口造纸厂、浑河大伙房水库发电厂
浑河	沈阳、抚顺	沈阳五三厂（奉天迫击炮厂）、抚顺东公园、抚顺化工厂（抚顺化工塑料厂）
太子河	辽阳、本溪	辽阳水泥制品厂（满洲水泥株式会社辽阳工厂）、满洲火药株式会社辽阳火药制造所旧址、本溪钢铁公司第二发电厂（本溪湖煤铁有限公司第二发电厂）、本溪钢铁公司一铁厂（本溪湖煤铁有限公司第一铁厂）、北台钢铁厂

5.1.2.2 地形地势因子

地形地势对工业遗产的约束往往表现为高程、坡度这两个主要因子,本书利用GIS对沈阳经济区的DEM数据进行空间分析,如图5-3所示,在海拔150米以内的工业遗产点分布较为密集,主要集中在沈阳、鞍山、辽阳、营口、抚顺,密集程度达到总量的70%;在海拔150～300米范围内,工业遗产点分布密集程度偏低,整体较为分散,主要集中在阜新、铁岭、本溪、鞍山等地的偏远山地郊区;在海拔300米以上,工业遗产点极少且零星分布。由此可见,遗产点的分布与高程的关系较为密切,海拔在150米以内的区域是沈阳经济区工业遗产分布较为集中的地区,通过对工业遗产适宜性网络分析,此区域是建构潜在廊道的核心地带。

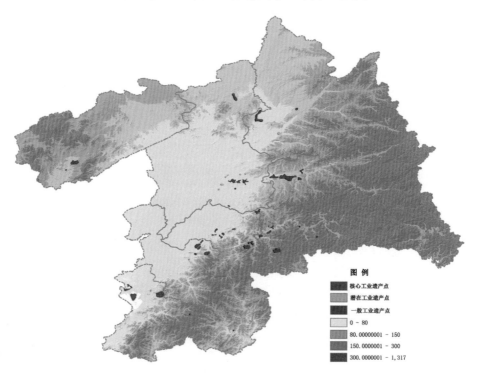

图 5-3　沈阳经济区地形地势图

5.1.3　历史人文环境

由于沈阳经济区经历被日本侵占的特殊历史时期,铁路的发展在近现代工业和城镇发展中占据主导地位。民国时期,在军阀混战和日本占领下,由于战事的需求,交通运输以铁路为主、公路为辅。在铁路运输上,日本对本溪、抚顺等城市进行矿产资源的勘探,为了掠夺矿产资源而进行铁路的修建,辽宁省内现代铁路交通发展迅速,串联贯通每个城市(图5-4),其中以南满铁路长大线(长春至大连)为主干铁路,下辖安奉铁路(安东至沈阳)、抚顺铁路(沈阳至抚顺)、新奉铁路(吉林至沈阳)等重要铁路支线。铁路的迅速发展为区域内工业发展提供更多选择,在铁路沿线或站场周边出现工业聚集区。

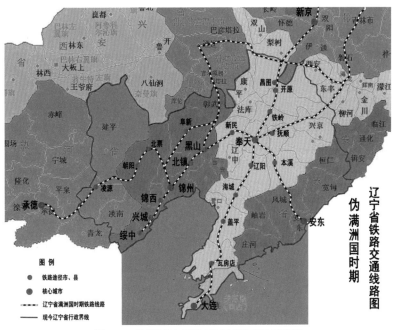

图 5-4　伪满洲国时期辽宁省铁路交通线路图

（图片来源：参考辽宁省工业志绘制）

中华人民共和国成立后，在国家重工业大跃进式的发展下，交通运输呈现铁路、公路联动协调发展的特征。在日本占领时期修筑的满铁铁路的基础上，完善串联区域内工业县市的铁路交通。在全国对矿产资源和重工业的需求下，沿铁路线修筑高速公路，形成以公路辅助铁路运输和水路运输的联运、转运便捷的交通网络体系。

现状工业遗产源主要沿哈大、沈吉、丹阜公路和京哈线、沈抚线、辽溪线三条铁路周边进行布局（图 5-5），通过 ArcGIS 数据平台统计分析现存工业遗产与铁路、公路的最短距离（图 5-6）发现，在铁路、公路单侧 1.5 千米内工业遗产分布较为密集，工业遗产点占 45%，距离铁路单侧 1.5～5 千米工业遗产点占 37%，距离铁路 5 千米以上占 18%。整体工业遗产点距离铁路、公路分布较为密集的临界值在 1.5 千米，1.5 千米以内基本形成了遗产集聚的格局。

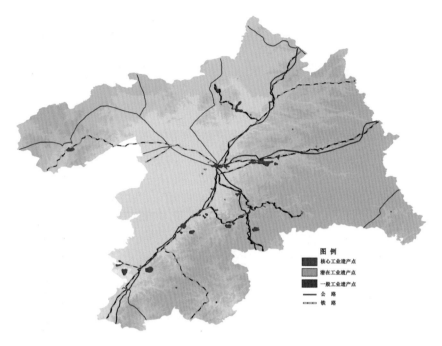

图 5-5　工业遗产"源"与主要公路铁路分布图

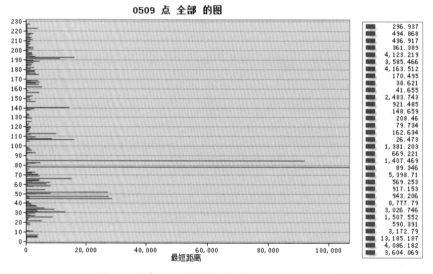

图 5-6　现存工业遗产到铁路公路的最短距离统计图

5.2　空间格局适宜性评价模型建立

5.2.1　评价目标与原则

5.2.1.1　评价体系建立目标

对工业遗产相关影响因素进行选取，分析工业遗产集聚区和周边分散的工业遗产企事业单位与周边环境因素的相互作用，最终呈现出沈阳经济区工业遗产适宜性评价图。评价体系主要是对构成工业遗产空间格局的整体布局和选址提供参考依据。

5.2.1.2　评价体系建立原则

沈阳经济区工业遗产是在自然、人文和历史环境影响下，由大量不同性质和历史价值的工业遗产集聚区和分散的企事业单位组成的区域性大型文化景观，这就决定了建立评价体系时必须考虑内部构成要素的复杂性。因此评价体系应坚持以下原则：

（1）整体性原则

从整体上看，评价体系是建立区域工业遗产空间格局的内在基础。正确认识工业遗产与周边影响因素之间的关系，以工业遗产为核心，结合自然景观和人文环境以及城市建设发展情况进行综合全面的分析；以整体观为基础，科学合理地建立工业遗产与周边因素作用下的适宜性评价体系。

（2）多样性原则

沈阳经济区范围内的工业遗产资源丰富，价值多元，类型多样，权属部门地区各异，决定评价指标必须保证多样性原则，才能达到综合评价目标。

（3）原真性原则

评价体系构建需要保持工业遗产的原真性，并非单纯追求"遗产原态"的真实，而是体现历史延续和变迁"信息"的真实，要确保各遗产所依存文化空间的真实性，使得工业遗产资源可以世代传承，传递工业所负载的历史文化意义。

5.2.2　评价的主要方法

以参考众多学者在大区域范畴中将遗产文化与周边生态环境进行适宜性评价为主，应用 ArcGIS 空间分析技术，对工业遗产与周边影响因素相互之间的作用进行空间格局适宜性评价指标体系建立，具体过程和技术方法如图 5-7 所示。

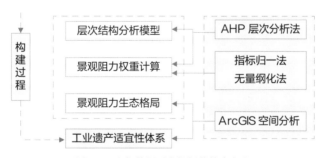

图 5-7　空间格局适宜性评价技术方法

5.2.3　多层次分析模型

依据上文对工业遗产源及周边自然环境和历史人文环境影响因素的分析，在纵向上建立具有关联性的多层次结构模型，整体分为三个层次：目标层（A）、标准层（B）、因子层（C），如图 5-8 所示。

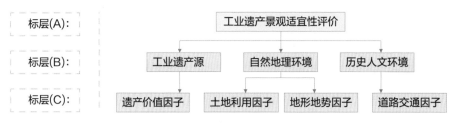

图 5-8　工业遗产适宜性层次结构图

目标层（A）：指标体系的最高层也是最佳层，代表沈阳经济区工业遗产空间格局适宜性整体评价。获取适宜性的最终评价值，能反映沈阳经济区工业遗产空间格局建构的层次结构。

标准层（B）：标准层要选取影响工业遗产空间分布的主要因素，是设计适宜性评价指标体系的基础，主要包括：工业遗产源（B1）、自然地理环境（B2）、历史人文环境（B3）。

因子层（C）：因子层要选取影响各标准层建立适宜性评价指标的主要核心因子元素，主要包括：遗产价值因子（C1）、土地利用因子（C2）、地形地势因子（C3）、道路交通因子（C4）。

5.3　空间格局适宜性评价过程与分析

5.3.1　影响因子权重的计算

在评价体系模型中，因子权重合理与否直接影响着评价结果的准确性。本书采用层次分析法来确定因子权重：首先对不同因子重要程度进行对比分析，确定各因子相对重要性程度；然后利用 yaahp 软件构建判断矩阵计算权重，确定下层因子对上层因子的贡献强度。这种方法可以将人的主观判断转化为定量化形式，这样既简化分析和计算过程，又能避免主观判断前后矛盾性。

5.3.1.1　构建权重矩阵

判断矩阵是指由专家给定的同一个层次的各个指标经过两两比较后所确定的相对重要程度判断值构成的矩阵。按照其重要程度进行排列，定义为 1、3、5、7 分别是同样重要、稍微重要、明显重要和非常重要（表 5-3）。

对于因子层五个因子，进行两两因子之间相对重要程度对比分析，采用 1～7 及其倒数标度方法进行定量化，构建景观因子权重判断矩阵见表 5-4。

表 5-3　适宜性因子重要程度分类表

定义对比值	定义属性
1	同样重要
3	稍微重要
5	明显重要
7	非常重要

表5-4　因子权重判断矩阵表

相对比较	遗产价值因子	土地利用因子	地形地势因子	道路交通因子
	C1	C2	C3	C4
C1	1	5	7	3
C2	1/5	1	1/3	1/5
C3	1/7	3	1	3
C4	1/3	5	1/3	1

5.3.1.2　权重矩阵计算

利用 yaahp 软件，对判断矩阵中每个因子采用方根法，首先将判断矩阵每一行元素相乘，其次将相乘的结果做平均数，最后对每行平均数做归一化处理得到各因子的权重值，见表5-5。

表5-5　各因子权重值统计表

景观因子	遗产价值因子	土地利用因子	地形地势因子	道路交通因子
	C1	C2	C3	C4
权重值	0.56	0.30	0.09	0.05

5.3.2　多因子阻力面确定

单因子阻力值的计算同样采用层次分析法（AHP），在确定因子层权重的基础上对其内部的子因子影响因素进行权重矩阵确定。由于阻力是指不同单元之间进行构建的难易程度，它与适宜性的程度呈反比，权重值越高阻力值越小，所以在确定阻力值上采用极小化的无量纲化方法，将各因子下不同指标转化为可以综合的无量纲的定量化指标；然后定义各指标层的最大指标的阻力值为100，计算得到其他各指标的相对阻力值大小。

5.3.2.1　遗产价值

对沈阳经济区工业遗产价值阻力指标的评价，是基于工业遗产源自身不同等级文化价值相互影响下的集聚程度。以上文在核密度分析下的不同等级文化工业遗产集聚下所确定的工业遗产源为依据，定义 C11 为核心工业遗产源，C12 为潜在工业遗产源，C13 为一般工业遗产源，以此为依据构建遗产价值适宜性阻力值判断矩阵。对所得的权重值，进行极小化无量纲化计算，最终得出遗产价值因子相对阻力值，见表5-6。

表5-6　遗产价值因子判断矩阵及阻力值

景观因子	核心工业遗产源 C11	潜在工业遗产源 C12	一般工业遗产源 C13	W_i	λ_{max}	阻力值
C11	1	3	7	0.719		5
C12	1/3	1	5	0.449	3.065	15
C13	1/7	1/5	1	0.379		25

通过 GIS 的空间分析（Spatial Analysis）功能模块，将沈阳经济区不同等级工业遗产源进行栅格可视化表达，通过图层添加字段赋予不同等级工业遗产源景观阻力值（图 5-9）。

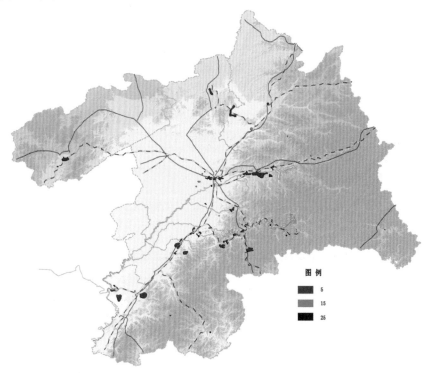

图例
- 5
- 15
- 25

图5-9　遗产价值因子阻力面图

5.3.2.2　土地利用

对沈阳经济区工业遗产土地利用阻力指标的评价基于大区域内遗产源在不同类型土地上相互影响的难易程度来确定。获取 2008 年土地利用现状图，从中截取本次研究区域为数据基础，参考土地利用分类标准和相关影响要素，最终确定 6 类用地评价指标如下：C21 草地、C22 林地、C23 农田、C24 河流、C25 矿产资源、C26 建设用地。以此为依据构建土地利用适宜性阻力值判断矩阵并确定相应阻力值，见表 5-7。

表5-7 土地利用因子判断矩阵及阻力值

景观因子	草地 C21	林地 C22	农田 C23	河流 C24	矿产资源 C25	建设用地 C26	W_i	λ_{max}	阻力值
C21	1	3	7	5	1/3	1/5	0.165		30
C22	1/3	1	5	1	1/3	1/7	0.087	6.568	50
C23	1/7	1/5	1	3	1/5	1/7	0.035		80
C24	1/5	1	1/3	1	1/3	1/3	0.125		30
C25	3	3	5	3	1	1/3	0.260		20
C26	5	7	7	3	3	1	0.328		10

通过 GIS 的空间分析（Spatial Analysis）功能模块，首先对区域内不同用地指标在土地利用现状图上进行【按属性提取】，然后对不同的属性进行【重分类】赋予相应的景观阻力值，最后对不同的用地指标采用最大值的方法进行【镶嵌至新栅格】，最终得到整体土地利用因子的景观阻力面，如图 5-10 所示，结合工业遗产产生及未来开发再利用的考虑，阻力系数较低表明此地（矿产资源、建设用地、草地、河流）适宜开展工业遗产保护开发建设。沈阳经济区内由于工业遗产多集中分布在城区和矿区内部，所以矿产资源和建设用地是最适宜开展工业遗产区域景观空间建设的，应加大保护开发的力度。阻力值越高表明此地（农田、林地）越不利于开展遗产区域保护开发建设。

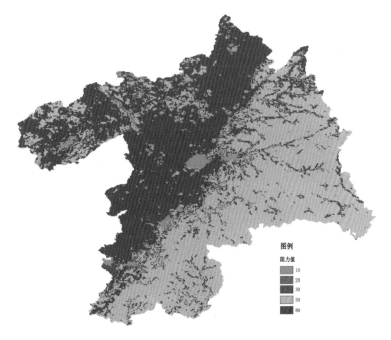

图例
阻力值
10
20
30
50
80

图 5-10 土地利用因子阻力面图

5.3.2.3 地形地势

对沈阳经济区工业遗产地形地势阻力指标评价基于遗产源所分布的区域，不同高层和坡度产生的不同阻力对以后构建适宜性廊道路径的难易程度各不同。依据遗产源分布区域对沈阳经济区海拔300米的DEM数据进行高程和坡度不同范围的处理，确定如下评价范围指标：C31 为 0～150 米、C32 为 150～300 米、C33 为 300 米以上、C34 为 0～10°、C35 为 10°～30°、C36 为 30°以上。以此为依据构建地形地势适宜性阻力值判断矩阵并确定相应阻力值，见表 5-8。

表 5-8　地形地势因子判断矩阵及阻力值

景观因子	0~150 米 C31	150~300 米 C32	300 米以上 C33	0°~10° C34	10°~30° C35	30° 以上 C36	W_i	λ_{max}	阻力值
C31	1	3	7	3	5	7	0.352		20
C32	1/3	1	3	1/3	1	5	0.147	2.687	30
C33	1/7	1/3	1	1/7	1/3	1	0.085		100
C34	1/3	3	7	1	5	7	0.246		20
C35	1/5	1	3	1/5	1	3	0.105		30
C36	1/7	1/5	1	1/7	1/3	1	0.065		100

通过 GIS 的空间分析（Spatial Analysis）功能模块，首先对沈阳经济区 DEM 图按评价范围进行高程分类和坡度栅格计算，然后对高程和坡度进行【重分类】赋予相应的景观阻力值，最后对高程和坡度采用最小值的方法进行【镶嵌至新栅格】，最终得到地形地势因子的景观阻力面，如图 5-11 所示，沈阳经济区内高程在 150 米和坡度在 10° 以内、阻力值为 20 的区域范围是以后构建工业遗产廊道和区域保护开发利用的最适宜的区域范畴。

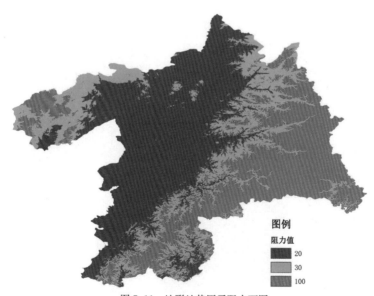

图例
阻力值
20
30
100

图 5-11　地形地势因子阻力面图

5.3.2.4　道路交通

对沈阳经济区工业遗产道路交通阻力指标评价以工业遗产密集分布的相关铁路和公路为基础，距离铁路和公路不同区域范畴内的阻力对以后构建适宜性廊道路径的难易程度各不同。具体评价范围指标如下：C41 为离铁路 0～800 米、C42 为离铁路 800～1500 米、C43 为离铁路大于 1500 米、C44 为离公路 0～500 米、C45 为离公路 500～1500 米、C46 为离公路大于 1500 米。以此为依据构建道路交通适宜性阻力值判断矩阵并确定相应阻力值，见表 5–9。

表 5–9　道路交通因子判断矩阵及阻力值

景观因子	距离铁路			距离公路			W_i	λ_{max}	阻力值
	0~800 米 C41	800~1500 米 C42	1500 米以上 C43	0~800 米 C44	800~1500 米 C45	1500 米以上 C46			
C41	1	3	7	3	5	7	0.382		5
C42	1/3	1	3	1/3	1	5	0.205	3.58	15
C43	1/7	1/3	1	1/7	1/3	1	0.063		30
C44	1/3	3	7	1	5	7	0.224		15
C45	1/5	1	3	1/5	1	3	0.112		30
C46	1/7	1/5	1	1/7	1/3	1	0.014		100

通过 GIS 的空间分析（Spatial Analysis）功能模块，首先对与工业遗产分布有关的公路、铁路依据其集聚范围程度建立如表 5–9 中的不同程度"多环缓冲区"，然后将其转化为栅格并依据属性进行【重分类】赋予相应的阻力值，最后对不同铁路和公路采用最大值的方法进行【镶嵌至新栅格】，最终得到道路交通因子的阻力面，如图 5–12 所示。参考工业遗产源分布，工业遗产主要沿哈大铁路和公路、沈抚铁路为主，铁法铁路、辽溪铁路为辅进行分布，以这六条线路为重点，沿线 1500 米范畴内阻力值为 5 和 15 的核心区域是工业遗产串联 8 个城市构建区域廊道的保护和开发建设最适宜的区域范畴。

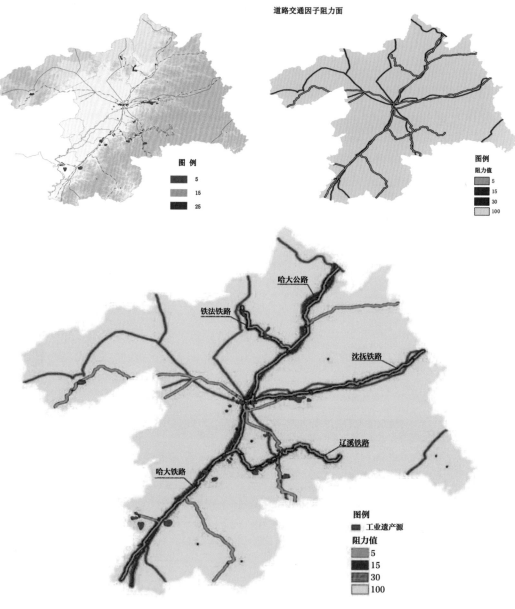

图5-12　道路交通因子阻力面图

5.3.3　综合型因子阻力面

在上述研究和准备工作基础上运用叠加分析（Overlay）功能模块，对遗产价值、土地利用、地形地势、道路交通这四个单因子阻力面依据权重进行叠加镶嵌，最终得到沈阳经济区工业遗产综合阻力面，如图5-13所示。

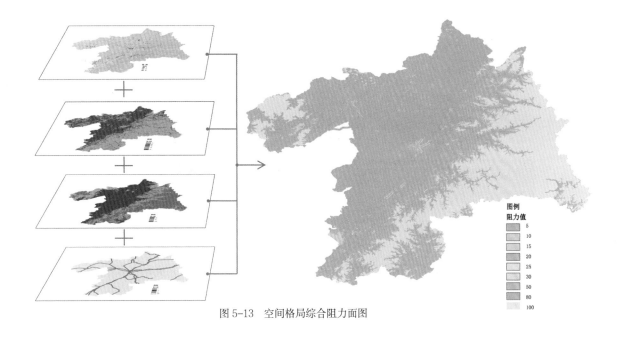

图 5-13　空间格局综合阻力面图

5.3.4　空间格局适宜性分布

以对上述单因子阻力面进行叠加镶嵌形成的多因子综合阻力格局为数据基础，利用最小累积阻力模型和 ArcGIS 空间分析技术，以工业遗产源为核心，综合阻力面为模型参考，确定工业遗产源与所建立的综合阻力相互作用下最小累计阻力表面，即为工业遗产空间格局适宜性结果。

首先利用 GIS 空间分析技术得到工业遗产空间格局的适宜性阻力差值评价结果（图 5-14），然后根据景观适宜性阻力差值评价结合直方图判读，阻力差值越小适宜性越高，提取有效数据进一步划分高适宜性、中适宜性、低适宜性和不适宜性 4 个水平的适宜性区域，得出工业遗产空间格局适宜性结果（图 5-15）。

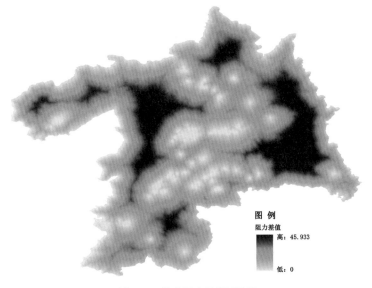

图 5-14　综合阻力差值评价图

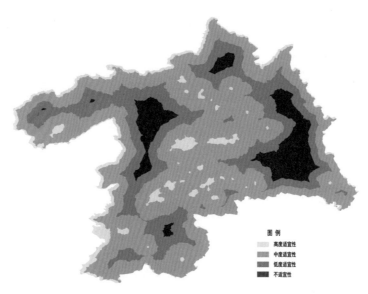

图 5-15　工业遗产空间格局适宜性分布图

高适宜性：此区域地势平坦，均为建设用地，处于各城市交通枢纽位置，所以工业遗产集中分布在此区域范围内，便于区域内各城市形成工业文化保护利用的核心地带和宣传工业旅游带动经济发展的区域核心。

中适宜性：此区域地势平缓，以草地、林地、矿产为主，农田为辅，结合高度适宜区内工业遗产线性分布特征，沈阳、本溪、辽阳、鞍山的城区和铁岭的西部区域非常适合建立联系各城市的工业遗产廊道体系，成为工业遗产物质实体、文化传播和信息流动的传输通道。

低、不适宜性：此区域地势较陡，山地和农田居多，距离工业遗产较远且开发强度较大，所以这两个区域不适合进行工业遗产空间格局规划建设。

第6章

工业遗产空间格局体系

从区域角度建立一个战略性的工业遗产空间格局，以保障工业遗产功能空间的完整性和连续性。本章基于工业遗产源之间重力模型分析和邻域分析方法，形成"廊道、板块、节点"的工业遗产空间格局体系。以文化主题价值为切入点对各构成要素进行类型划分，在此基础上以廊道的旅游性定位、板块的主题性开发、节点的价值性更新为目标提出相应的规划引导对策。

6.1 "廊道、板块、节点"空间格局

6.1.1 工业遗产廊道确定

（1）潜在廊道网络体系

以上文采取最小累计阻力模型所研究的适宜性分布为基础，利用 GIS 空间分析技术中最小路径（Shortest Path）命令，确定工业遗产源之间的最小消耗路径，以及两两遗产源之间相互作用下最终形成的潜在的工业遗产网络体系。结合实际调查情况，以适宜性分布为基础，对数据进行处理，最终得到连接 60 个工业遗产源的 46 条潜在工业遗产廊道，整体形成以潜在廊道路径串联各工业遗产集聚区和偏远分散工业遗产点的网络体系（图 6-1）。

（2）工业遗产廊道选取

由于工业遗产潜在廊道网络体系较为庞大，但从经济、文化和未来保护管理方面来讲内部潜在廊道不宜太多，所以以工业遗产源为核心先考虑遗产源与其他用地空间的协调关系，仅选出与工业遗产源分布最密切相关的重要工业遗产廊道。

基于重力模型（Gravity Model）公式，运用 GIS 软件对 60 个工业遗产源的面积和相互之间形成潜在廊道的长度进行统计，结合上文周边不同用地空间下所形成的阻力值，建立 60 个工业遗产源之间相互作用矩阵，定量评价工业遗产源相互作用的强度，从而判定潜在工业遗产廊道的相对重要性（图 6-2）。

工业遗产源相互作用下产生的 1701 个有效数据中，矩阵值越大表明工业遗产源之间作用越强，工业遗产源与周边用地空间相互适宜性越高形成的廊道路径最优。如图 6-2 所示，相互作用矩阵值在 40 以下的虽然最多但是密集分布在 0～5 之间，

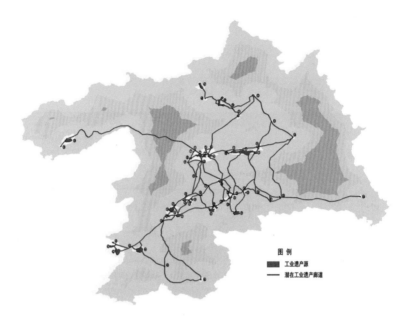

图 6-1 工业遗产网络体系图

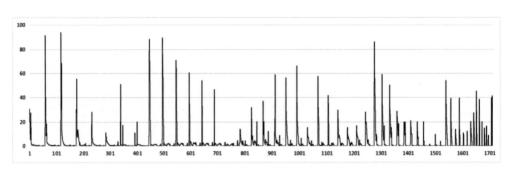

图 6-2 工业遗产源相互作用下矩阵值统计表

整体相互作用力较弱，关联性较低；在 40 以上的矩阵值虽然不多，但数值在 40～100 之间集中分布，其相互作用力较强，关联性较高，便于形成重要的廊道。因此，整体以矩阵值 40 作为阈值划分，提取矩阵值在 40 以上的相互作用的工业遗产源为重要工业遗产廊道提取依据，最终在 46 条潜在廊道中提取出 4 条工业遗产廊道。

本书所研究确定的工业遗产廊道主要是由廊道上密集分布的工业遗产、沿线景观路径、周边生态环境三个核心要素所构成的廊道体系。四条工业遗产廊道内部均是以铁路轨道为主，沿线公路、河流为辅进行沿线工业文化传播的交通型遗产景观廊道。整体形成以哈大工业遗产廊道为主体，沈抚、辽溪、铁法廊道呈支状分布的区域工业遗产廊道体系（图 6-3）。

6.1.2 工业遗产板块识别

运用 ArcGIS 中邻域分析的空间技术方法，以高度适宜性范畴和遗产廊道作为空间参考，确定在廊道外围工业遗产源在空间分布上相互作用所产生的大区域面状范畴，基于第四、五章分析，以大范围的工业遗产集聚区为基础，最终确定沈阳经济区内共有 5 个工业遗产板块，如表 6-1 所示，分别为南楼菱镁矿工业遗产板块、营口城区工业遗产板块、阜新城区工业遗产板块、南芬铁矿工业遗产板块、歪头山铁矿工业遗产板块。

图 6-3　工业遗产空间格局体系图

6.1.3　工业遗产节点选取

以工业遗产板块识别方法为基础，对工业遗产廊道周边和偏远地区以高度适宜性范畴为空间参考，选取那些孤立存在于偏远地区且整体工业文化较为突出的，有较高遗存价值的，能够进行再利用的工业遗产源，结合周边用地空间形成的区域即为工业遗产节点。这些工业遗产节点内的工业遗产集聚区或工业遗产企事业单位均分布在偏远矿区和铁路沿线郊区，整体工业文化较为突出但对周边作用力较弱，便于在工业遗产板块和廊道辐射带动下进行工业遗产旅游开发的保护再利用，带动当地工业文化传播和经济发展。整体确定沈阳经济区工业遗产节点 9 个，如图 6-3、表 6-1 所示，其中以小型矿产类工业遗产居多。

6.1.4　工业遗产空间格局

结合上文对沈阳经济区工业遗产廊道、板块、节点的选取，最终确定区域工业遗产空间格局为"四廊道、五板块、九节点"的空间格局体系，如图 6-3、表 6-1 所示。工业遗产廊道集中在沈阳经济区中部区域，结合廊道内部工业遗产节点，形成以哈大工业遗产廊道为核心的密集点轴式空间分布，工业遗产板块和节点主要沿廊道外围呈离散式空间分布。

表6-1 工业遗产板块和节点统计表

空间格局	序号	工业遗产
工业遗产板块	1	阜新城区工业遗产板块
	2	营口城区工业遗产板块
	3	南楼菱镁矿工业遗产板块
	4	南芬铁矿工业遗产板块
	5	歪头山铁矿工业遗产板块
工业遗产节点	1	红阳煤矿
	2	辽阳灯塔采矿厂
	3	锅底山铁矿
	4	营口五〇一矿旧址
	5	仙人咀西山铅矿旧址
	6	柴河铅锌矿
	7	红秀山铜矿
	8	兴隆桥旧址、桥头火车站旧址
	9	桓仁发电厂

6.2 工业遗产廊道旅游开发定位

由于沈阳经济区工业遗产廊道贯穿沈阳、辽阳、鞍山、本溪四大重要工业城市，其内部拥有众多工业遗产，所以工业遗产廊道旅游开发以打造区域廊道下线性文化旅游的方式重现工业辉煌，提升文化竞争力和经济实力。以不同廊道文化主题脉络为廊道划分依据，从廊道控制范围、沿线文化主题特征和旅游交通路线组织三个方面，为区域工业遗产利用提出相应策略。

6.2.1 "满铁工业、老工业基地文化"工业遗产廊道

6.2.1.1 廊道控制范围

由于空间分布和研究尺度不同，廊道内构成要素多样，因此国内外对于廊道宽度的界定没有较为科学合理的依据。本书基于沈阳经济区工业遗产的现状特征，参考俞孔坚、李迪华等学者运用GIS统计遗产点距离廊道的距离来确定工业遗产廊道的控制范围。由于各廊道内工业遗产点集中分布于各城市城区内，所以采用GIS先对各城市密集区工业遗产点距离廊道距离进行统计，以此为依据从两个方面进行工业遗产廊道统计：工业遗产密集区域和分散廊道沿线统计。

（1）工业遗产密集区域统计

哈大工业遗产廊道以中东铁路（哈大铁路）为核心，贯穿沈阳、辽阳、鞍山工业遗产密集区，利用 GIS 统计分析工具对中东铁路沿线三个城市工业遗产密集区中工业遗产的数量及与哈大铁路和公路的距离进行统计分析。如图 6-4～图 6-6，依据离廊道一定距离内工业遗产分布的数量所呈现出的增长趋势，最终确定出科学合理的廊道核心区控制范围。

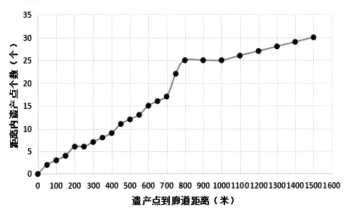

图 6-4　沈阳工业遗产数量与廊道距离统计

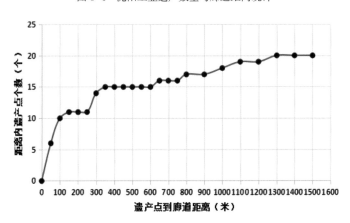

图 6-5　鞍山工业遗产数量与廊道距离统计

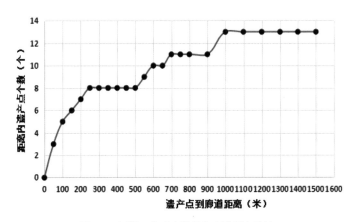

图 6-6　辽阳工业遗产数量与廊道距离统计

沈阳市区工业遗产在廊道西侧 800 米范围内分布较为密集，在 1.5 千米范围内工业遗产占 60%；其中廊道 800 米以内的遗产点有 25 个，达到城区工业遗产 60%以上，且在 700～800 米内遗产分布呈递增趋势。辽阳市区内工业遗产靠近廊道 250米范围内分布较为密集。市区内 13 个工业遗产均分布在廊道 1.5 千米范围内，且在廊道 250 米范围内工业遗产增加趋势最明显，工业遗产分布密度较高，总共有 8 个工业遗产且达到城区遗产的 61%。鞍山市区内工业遗产靠近廊道 350 米范围内分布较为密集；市区内 20 个工业遗产均分布在廊道 1.5 千米范围内，且在廊道 350 米范围内工业遗产增加趋势最明显，工业遗产分布密度较高，总共有 15 个工业遗产且达到城区遗产点的 75%。基于以上分析，选取 3 个城市遗产廊道宽度最大值 1.6 千米，在此区域范围内工业遗产点密度最高且重要的工业遗产大都在此，确定哈大工业遗产廊道在各工业遗产密集区控制在沿线单侧 0.8 千米宽度范围内。

（2）偏远郊区廊道沿线统计

哈大工业遗产廊道沿线各城市郊区遗产点在廊道两侧 1 千米范围内分布较为密集，在第 5 章道路交通因子分析中得出距离廊道单侧 800 米范围为构建廊道最适宜区域的结论，结合两者最终确定哈大工业遗产廊道在郊区控制范围为沿廊道 800 米（表 6-2）。

表 6-2　廊道控制范围统计表

廊道名称	廊道主体	起止点	路线长度/千米	密集区/千米	郊区沿线/千米
哈大工业遗产廊道	哈大铁路为主、公路为辅	开原城区鞍山新台子镇	278	1.6	0.8

6.2.1.2　廊道主题特征

哈大工业遗产廊道源于南满铁路（哈大铁路）的修建带动了区域各城市工业发展，在日本占领时期以交通运输带动区域中部鞍山、辽阳的矿产资源型城市发展，因此它目睹了沿途工业城市经历萌芽、起源、发展、繁荣、变革发展整个近现代工业演变过程。在近代哈大工业遗产廊道内，以沈阳、鞍山、辽阳为核心集聚分布大量工业遗产，例如沈阳以铁路运输管理为主的南满铁路，在当时把控整个辽宁的铁路运输；鞍山以钢铁冶炼为主的昭和制钢所本部，在当时控制辽宁的钢铁资源进行资源掠夺式开采，遗存下来大型炼钢厂房和管理服务用房；辽阳依托太子河以钢铁产业链下游军工制造和水源供应为主，成为昭和制钢所后勤保障基地。以日本占领时期遗留下来的工业遗产文化为核心，在近代沿铁路运输线路形成集资源开采、深加工制造为一体的具有典型"满铁"工业文化区域。"满铁工业"为后来沈阳经济区成为我国重工业基地集聚区打下坚实基础。在中华人民共和国成立后，哈大工业遗产廊道依托日本遗留的厂房、设备，借助铁路和公路运输线路，逐步形成沈阳铁西区、鞍山鞍钢集团和辽阳太子河南岸三个工业基地（图 6-7）。

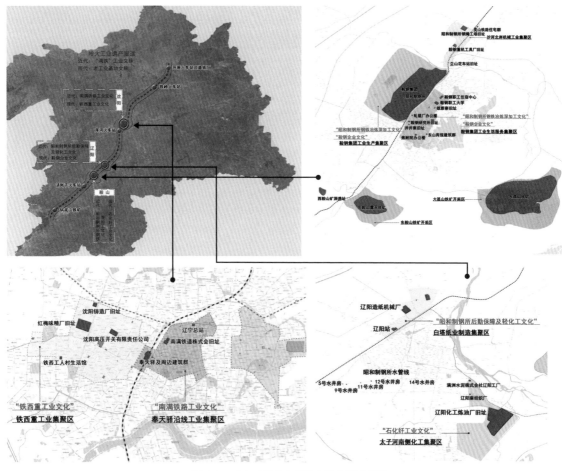

图 6-7　哈大工业遗产廊道文化主题示意图

以时间为线索，对在近代"满铁工业"和现代"老工业基地"两类工业文化带动下沿廊道分布的三个城市的工业遗产密集区，分别从典型代表、主要内容、主要特征和产业门类四个方面确定沿廊道主题线路下的工业遗产文化旅游解说系统，见表 6-3、表 6-4。

表 6-3　近代"满铁工业"文化下廊道主题特征

工业遗产密集区	核心主题	主题文化解说系统			
		典型代表	主要内容	主要特征	产业门类
沈阳城区	南满铁路工业文化	奉天驿沿线工业遗产集聚区（奉天驿、南满铁路株式会社）	以控制沿线铁路为核心垄断地方工业经济	功能：火车站、铁路办公楼。规模：占地 1 万平方米以内，以 2~3 层日式建筑风格为主。布局：沿铁路及周边主要干道分布	交通运输

工业遗产密集区	核心主题	主题线索			
		典型代表	主要内容	主要特征	产业门类
鞍山城区	昭和制钢所钢铁冶炼深加工文化	鞍钢集团工业生产集聚区（第一炼钢厂）鞍钢集团工业生活服务集聚区（井井寮、雄雅寮）	掠夺式进行铁矿开采及钢铁深加工制造	功能：矿产开采及加工厂房、工业配套管理服务设施。规模：占地2万平方米以上密集工业厂房和露天矿产开采区。布局：以铁路运输线为分割，两侧布置工业加工区和办公生活区	钢铁冶炼采矿业公共服务
辽阳城区	昭和制钢所后勤保障及轻化工文化	白塔纸业制造集聚区（辽阳造纸机械厂）昭和制钢所水管线	以太子河为依托为昭和制钢所提供水源并进行钢铁冶炼下游轻化工产业发展	功能：以造纸、机械为主的厂房设施和水源供应管线。规模：占地规模较小，以小型工厂和供水房为主。布局：以太子河和铁路运输线为核心进行布局	造纸业机械制造水的供应业

表 6-4　现代"老工业基地"工业文化下廊道主题特征

工业遗产密集区	核心主题	主题线索			
		典型代表	主要内容	主要特征	产业门类
沈阳城区	铁西重工业文化	铁西重工业集聚区（红梅味精厂、铁西工人文化馆、铸造博物厂旧址）	铁西重工业崛起成为全国工业支柱	功能：机械制造为主的工厂和办公设施。规模：以大型厂房和重机设备为主的工业集聚区。布局：集中紧凑沿铁路南侧和主要干道布局	重工业机械制造公共服务

工业遗产密集区	核心主题	主题线索			
		典型代表	主要内容	主要特征	产业门类
鞍山城区	鞍钢企业文化	鞍钢集团工业生产集聚区（第一炼钢厂）鞍钢集团工业生活服务集聚区（鞍钢职工住宿中心、鞍钢职工大学）	中华人民共和国成立后大炼钢铁，成为我国最大的钢铁冶炼基地	功能：集机械制造、电力供应、钢铁冶炼于一体的多功能工业集聚区。规模：占地 2 万平方米以上大型工业厂房、高炉和重型机械设备。布局：以铁路运输线为分割线，两侧布置工业加工区和办公生活区	钢铁冶炼采矿业公共服务
辽阳城区	石化纤工业文化	太子河南侧化工集聚区（辽宁化工炼油厂旧址）	20 世纪 70 年代发现辽河原油后，形成以石化、化纤为主的工业基地	功能：石化、化纤为主的工业厂区。规模：占地规模较大，以大型工厂为主。布局：沿太子河进行布局	石油化工机械制造

6.2.1.3 旅游交通组织

在区域范畴，哈大工业遗产廊道体系下以交通性铁路、公路为主串联沿途同一主题文化工业遗产，对沿途城区工业遗产密集区以工业遗产文化旅游中文化主题解说系统为核心，规划旅游线路串联各工业遗产，使其与区域线路进行衔接形成连续的区域工业遗产文化旅游路线，具体交通选线原则如下：

（1）串联城区内遗产集聚区主要交通干道，特别是工业文化主题下核心和重要的工业遗产地段。

（2）结合城区绿地系统，串联工业遗产周边的城市级公园、游园和河流，以丰富交通网络的多样性和生态性，从而加强工业遗产线路与周边社区的联系。

（3）规划工业文化景观路两侧绿带，布置步行和骑行道，提升道路体系综合性以吸引人流，带动工业遗产集聚区活力。

对哈大工业遗产廊道沈阳城区沿线内的两个工业遗产集聚区，以沈阳市中心城区道路交通规划和城区绿化为参考，重要工业遗产空间分布和遗产廊道走向为依据，结合公共开敞空间，串联各工业遗产集聚区内的工业遗产点形成"一环、一横、一带"

的工业旅游交通线路：横向以工业文化景观路与沈抚廊道形成交通联系，纵向沿哈大廊道向南连通辽阳城区。对哈大工业遗产廊道辽阳城区内的两个工业遗产集聚区，结合公共开敞空间串联各工业遗产集聚区，形成"一带、一环"的工业旅游交通线路：在内部形成环路连通工业遗产集聚区内的典型工业遗产点，纵向沿廊道连通北部沈阳城区、南部鞍山城区。对哈大工业遗产廊道鞍山城区内的五个工业遗产集聚区，结合公共开敞空间，串联各工业遗产集聚区，形成"一带、两横"的工业旅游交通线路：内部以鞍钢生产和生活集聚区为核心，规划交通线路串联城区边缘大型矿产集聚区，形成两条横向旅游线路参观鞍钢企业文化内容；纵向沿哈大廊道向北连通辽阳城区（表6-5）。

表6-5　哈大工业遗产廊道下工业遗产密集区旅游交通组织

各城区工业遗产密集区域旅游交通组织图示	交通线路体系
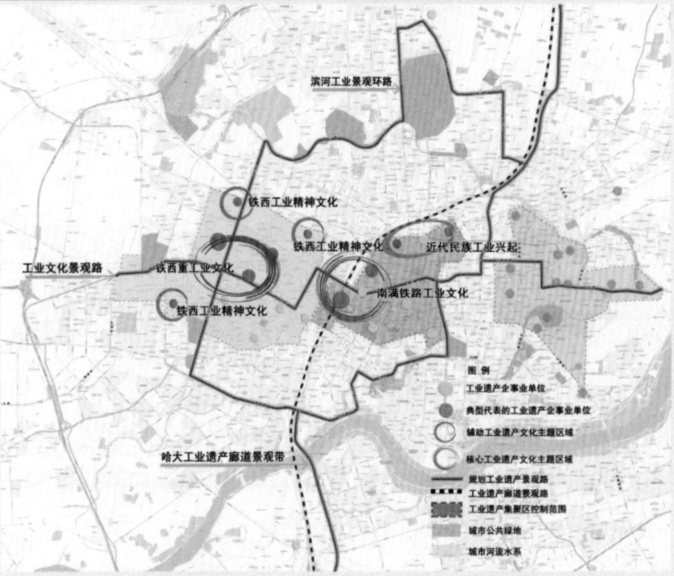	沈阳城区交通旅游路线组织 **"一环、一横、一带"** 一环：滨河工业景观环路（向工街、卫工街—蓝山路、金山路—滂江街、东滨河路—宁波路、揽军路） 一横：工业文化景观路（长安路—北顺城路—中山路—建设东路—建设西路） 一带：哈大工业遗产廊道景观（明沈线—望花北街—南京南街—沈营线）
	辽阳城区交通旅游路线组织 **"一带、一环"** 一带：哈大工业遗产廊道景观带（中大线—北大线—铁西路—胜利路—辽鞍路） 一环：工业文化景观环路（胜利大街—太子河滨河景观路—南郊街）

各城区工业遗产密集区域旅游交通组织图示	交通线路体系
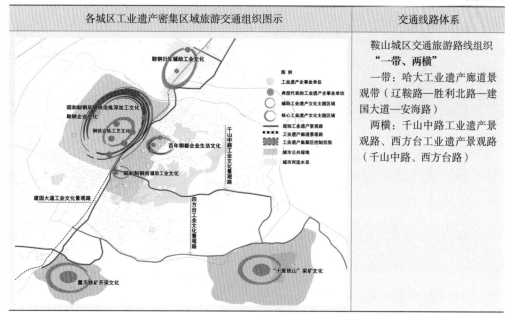	鞍山城区交通旅游路线组织 **"一带、两横"** 一带：哈大工业遗产廊道景观带（辽鞍路—胜利北路—建国大道—安海路） 两横：千山中路工业遗产景观路、西方台工业遗产景观路（千山中路、西方台路）

6.2.2　"煤铁开采加工文化"工业遗产廊道

6.2.2.1　廊道控制范围

（1）工业遗产密集区域统计

利用 GIS 统计分析工具对廊道沿线工业遗产密集区中工业遗产的分布及与各廊道铁路的距离进行统计分析，如图 6-8 和图 6-9 所示，本溪工业遗产靠近廊道 500 米范围内分布较为密集。在 1.5 千米范围内城区工业遗产点有 11 个，占据整个城区工业遗产点的 78%；在廊道 450 米范围内工业遗产增加趋势最明显，工业遗产分布密度较高，总共有 9 个工业遗产，且达到城区遗产点的 64%。铁法工业遗产廊道两侧工业遗产点均分布在廊道 700 米范围内，且靠近廊道 300 米范围内分布密度较高，总共有 12 个工业遗产且达到沿廊道遗产点的 85%。

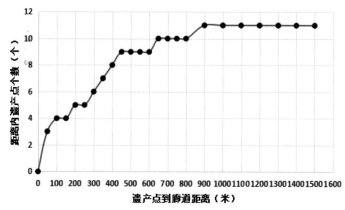

图 6-8　本溪工业遗产距廊道统计

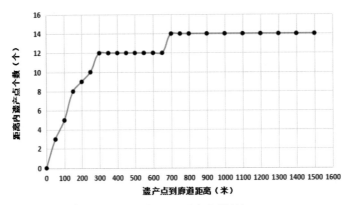

图6-9　铁法工业遗产廊道统计

结合哈大工业遗产廊道内各城市统计分析，选取沿途城市工业遗产廊道最宽值，确定本溪城区沿廊道1千米范围内为核心区，铁法工业遗产廊道沿廊道0.6千米为核心区。

（2）郊区廊道沿线统计

辽溪、铁法工业遗产廊道沿线各城市郊区工业遗产在廊道两侧1千米范围内分布较为密集，在第5章道路交通因子分析中得出距离廊道800米范围为构建廊道最适宜区域的结论，结合两者最终确定工业遗产廊道在郊区控制范围为沿廊道800米（表6-6）。

表6-6　辽溪、铁法工业遗产廊道控制范围

廊道名称	廊道主体	起止点	路线长度/千米	密集区/千米	郊区沿线/千米
辽溪工业遗产廊道	辽阳—本溪铁路为主	辽阳城区本溪田师傅镇	140	1	0.8
铁法工业遗产廊道	铁岭—法库铁路为主	铁岭城区法库县	90	0.6	0.8

6.2.2.2　廊道主题特征

辽溪、铁法工业遗产廊道作为哈大工业遗产廊道分支，沿途密集分布着以"煤铁"开采加工为主的工业遗产（图6-10）。辽溪工业遗产廊道从近代就开始沿"本溪—辽阳"煤铁矿产资源区发展，日本占领时期以铁路为核心进行矿产资源掠夺式开采，因此在工业风貌中形成以大型矿坑开采区域为核心的大规模开采加工集聚区，在开采技术上完整体现了近代初期人力挖掘洗选—近代后期半机械挖掘和机械洗选—中华人民共和国成立后全自动化挖掘和电力磁力洗选的技术发展历程。辽溪工业遗产廊道从外在工业风貌和内在工业技术上体现了浓厚的集煤铁矿产开采、加工、冶炼为一体的综合性工业文化。铁法工业遗产廊道在20世纪60年代发现的沿铁岭和沈

阳法库分布的大型煤矿资源区域,发展至今沿铁路运输线路分布着多处大规模集现代化开采、加工、运输为一体的综合型矿产类工业遗产。

以时间为线索,对在近代和现代的"煤铁"工业文化带动下的沿廊道公布工业遗产密集区,分别从典型代表、主要内容、主要特征和产业门类四个方面确定沿廊道主题线路下的工业遗产文化核心,见表6-7、表6-8。

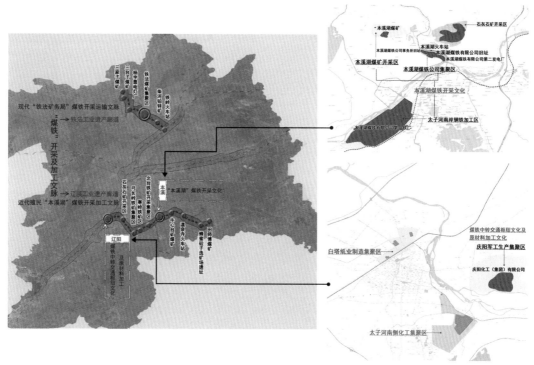

图6-10 辽溪、铁法工业遗产廊道文化主题示意图

表6-7 近代"煤铁开采加工"工业文化下廊道主题特征

工业遗产密集区	核心主题	主题线索			
		典型代表	主要内容	主要特征	产业门类
本溪	"本溪湖"煤铁开采文化	本溪湖煤矿开采区(本溪湖煤矿)太子河南岸钢铁加工区(本溪湖煤铁有限公司第一铁厂)	以本溪湖煤铁公司为核心,进行沿线煤铁开采加工	功能:以采矿业为核心,周边分布加工制造业。规模:大型矿产开采及加工制造。布局:沿铁路交通线布局	采矿业机械制造钢铁冶炼
辽阳	煤铁中转交通枢纽文化及原材料加工文化	庆阳军工生产区(庆阳化工(集团)有限公司)	地理优势下,联通鞍山和本溪煤铁资源枢纽区域,并进行钢铁加工	功能:以钢铁制造、中转交通运输为主。规模:大型制造加工的密集厂房。布局:在铁路运输线和河流两侧分布	机械制造交通运输

表6-8　现代"煤铁开采加工"工业文化下廊道主题特征

工业遗产密集区	核心主题	主题线索				
		典型代表	主要内容	主要特征	产业门类
铁法廊道沿线	现代煤炭资源开采文化	铁法矿务局大明煤矿、晓明煤矿、大隆煤矿	以铁法矿务局(铁煤集团)煤炭资源为核心,进行沿线煤炭开采运输	功能:煤矿开采区域。规模:集开采、加工、运输、生活服务为一体的大型煤矿区域。布局:沿铁路交通线布局	采矿业

6.2.2.3　旅游交通组织

辽本、铁法工业遗产廊道体系下辽阳、本溪城区大规模工业遗产密集区,以工业遗产文化旅游下文化主题解说系统为核心,规划旅游路线串联各工业遗产(表6-9)。

表6-9　辽溪工业遗产廊道下工业遗产密集区旅游交通组织

各城区工业遗产密集区域旅游交通组织图示	交通线路体系
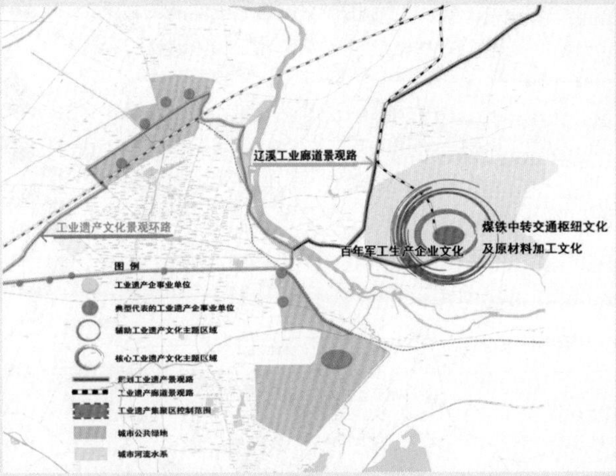	辽阳城区交通旅游路线组织 "一带" 一带:辽溪工业廊道景观路(沈营线—罗华线)
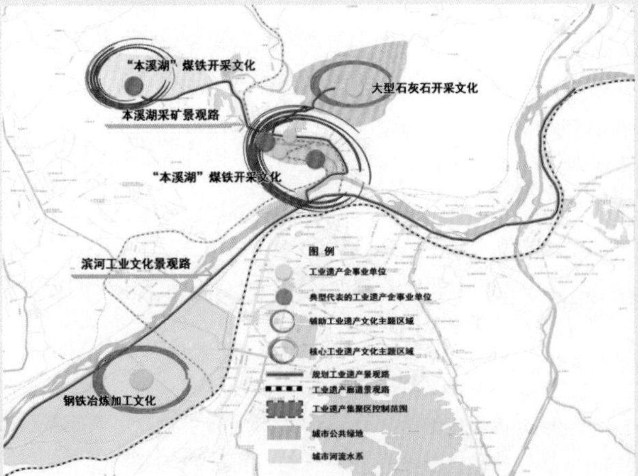	本溪城区交通旅游路线组织 "两带" 两带:本溪湖煤矿景观路(本鸡线—西湖西路—西湖东路) 滨河工业文化景观路(沈环线—滨河南路—沈丹线)

对于辽溪工业遗产廊道辽阳城区沿线的庆阳军工集聚区，为促进其与哈大廊道内辽阳城区各工业遗产集聚区之间的联系，沿辽溪廊道规划南北向景观路线与城区内哈大廊道下环路相衔接。对本溪城区沿线的四个工业遗产集聚区沿廊道结合滨水景观空间，规划滨河工业文化景观路与沿途各采矿区域进行衔接，南北向沿本溪湖开采路线规划线路串联北部三个集聚区，整体形成"T"形两带工业旅游交通路线。

6.2.3　"石化深加工文化"工业遗产廊道

6.2.3.1　廊道控制范围

（1）工业遗产密集区域统计

如图 6-11、图 6-12 所示，抚顺市区内工业遗产靠近廊道 500 米范围内分布较为密集。在 1.5 千米范围内城区工业遗产有 24 个，占据整个城区工业遗产的 70%，且在廊道 500 米范围内工业遗产呈增加趋势，工业遗产分布密度较高，总共有 20 个工业遗产且达到城区遗产的 64%。沈阳市区工业遗产靠近廊道 900 米范围内分布密度较高的趋势十分明显，遗产点有 20 个且达到城区工业遗产 60% 以上。选取沿途城市工业遗产廊道最宽值，确定沈抚工业遗产廊道以沈阳城区沿廊道 1.8 千米范围为核心区。

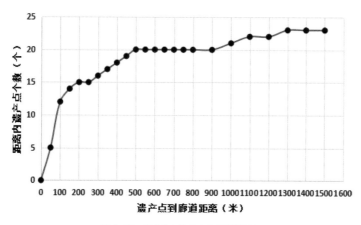

图 6-11　抚顺工业遗产距廊道统计

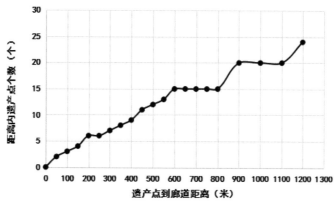

图 6-12　沈阳工业遗产距廊道统计

（2）偏远郊区廊道沿线统计

沈抚工业遗产廊道沿线在沈阳和抚顺郊区的工业遗产分布在沿廊道两侧800米内（表6-10）。

表6-10　沈抚工业遗产廊道控制范围

廊道名称	廊道主体	起止点	路线长度/千米	密集区/千米	郊区沿线/千米
沈抚工业遗产廊道	以沈阳—抚顺铁路为主、浑河为辅	沈阳大东区抚顺章党县	106	1.8	0.8

6.2.3.2　廊道主题特征

沈抚工业遗产廊道作为哈大工业遗产廊道分支，以抚顺大型矿产和石化加工工业遗产为核心，沿铁路运输线与沈阳大东区军工工业集聚区形成密切的带状分布，成为我国最早进行石油冶炼加工区域（图6-13）。抚顺石化工业从工业技术和产业风貌上均能充分代表辽宁省石油化工工业的发展历程。沈抚铁路联系抚顺城区到沈阳城区的工业交通，途经东、西露天矿，抚顺石油一、二、三厂，黎明航空发动机等具有典型代表的矿产和石化、机械加工企业，充分体现沿线"石化工"产业链体系。因此沈抚工业遗产廊道从近代开始一直承担着联系东、西露天矿，石油加工厂产业链上游矿产运输及石油冶炼，并且承担产业链下游资源运输到沈阳进行加工制造的整体石化工产业链的联通功能，见证了辽宁石化工业从"近代初期利用油母页岩进行人造石油加工—近代末期人造石油基础上进行化工生产—中华人民共和国成立后原油加工和有机化工提炼加工"的石化工业发展历程。

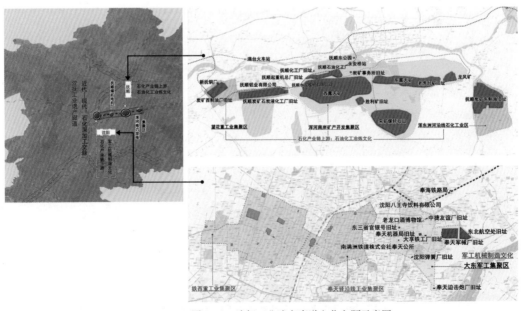

图6-13　沈抚工业遗产廊道文化主题示意图

以时间为线索，从近代被占领后和现代中华人民共和国成立后两个时期对以"石化工"工业文化为主的沈抚工业遗产廊道密集区，分别从典型代表、主要内容、主要特征和产业门类四个方面确定沿廊道主题线路下工业遗产文化核心，见表 6-11。

表 6-11 "石化工"深加工文化下廊道主题特征

工业遗产密集区	时间线索	核心主题	主题线索			
			典型代表	主要内容	主要特征	产业门类
抚顺	近代被占领后	人造石油加工冶炼文化	东洲河沿线石化工业区（抚顺炭矿东制油旧址）	以西露天矿油母页岩资源进行人造石油冶炼加工	功能：以采矿业为基础进行石油冶炼和化工加工。规模：占地1万平方米	石化工业采矿业
	中华人民共和国成立后	原油加工及有机化工提炼文化	浑河南岸矿产开发集聚区（西露天矿、东露天矿）	以辽河原油资源为原材料，进行原油加工和化工制品制造	规模：大型矿产开采区和石化加工厂区。布局：沿铁路交通线合理布局	石化工业采矿业
沈阳	近代—现代	军工机械制造文化	大东军工集聚区（沈阳黎明航空发动机集团）	从近代开始至今以抚顺煤铁、石油资源为基础进行大型多样化军工制造	功能：多样化军工机械制造为主。规模：大型制造加工的密集厂房。布局：以铁路和河流沿线分布	机械制造

6.2.3.3 旅游交通组织

对沈抚工业遗产廊道体系下抚顺、沈阳城区大规模工业遗产密集区，以工业遗产文化旅游下文化主题解说系统为核心，规划旅游路线串联各工业遗产（表 6-12）。

对抚顺城区内三个工业遗产集聚区，以抚顺市中心城区道路交通规划、城区绿化规划和大型采矿类铁路输送轨道为参考，重要工业遗产空间分布和遗产廊道走向为依据，规划"两环两带"工业旅游交通线路。以城区中心大型矿产开采集聚区为中心，沿矿山开采路线规划布置轨道体验和景观公路两条环路，游览抚顺矿区工业风貌。以中心区环路为核心廊道走向为参考，规划沈抚廊道景观路和滨河工业景观路，将城区工业遗产集聚区与廊道西部沈阳大东区和东部浑河电力发电集聚区串联起来，形成沿廊道主题文化旅游路线。对沈抚工业遗产廊道沈阳城区沿线的大东军工集聚区沿廊道线路规划景观路，使其与沈阳城区内哈大工业遗产廊道下交通路线进行衔接，形成完整联系的旅游交通线路。

表6-12　沈抚工业遗产廊道下工业遗产密集区旅游交通组织

各城区工业遗产密集区域旅游交通组织图示	交通线路体系
	抚顺城区交通旅游路线组织 **"两环两带"** 两环：矿产工业景观环路（永宁街—平山南街—虎西街—郎平路—海新街—煤都路—青年路） 矿产工业景观带（抚顺矿区环状铁路运输线） 两带：沈抚工业廊道景观路（高阳路—南绕城路—丹东路—永济路）、滨河工业景观路（绥化路—詹白线）
	沈阳城区交通旅游路线组织 **"一带"** 一带：沈抚工业廊道景观路（北顺城路—长安路—凌云街—联盛南巷—东陵路—金家街马宋线）

6.3　工业遗产板块主题性开发

6.3.1　"轻化工文化"工业遗产板块

6.3.1.1　板块文化价值

　　营口依托优越的沿海地理位置成为东北最早的开埠港口，打开我国东北近代工业发展的开端。依托营口港和大辽河物资，营口在清代末年以手工业、港口运输为主，在日本占领时期以大辽河为中心逐渐发展为以轻化工工业为主，所遗留下来工业遗产充分反映了营口工业发展变迁史。

　　营口工业遗产板块内有三个工业遗产集聚区：大辽河沿岸工业遗产集聚区、营口造纸化工集聚区、营口制盐工业集聚区。内部均以价值等级较高的交通型港口、轻工和制盐工业为主（图6-14）。大辽河沿岸工业遗产集聚区内港口、海关和纺织

图 6-14　营口工业遗产板块内工业遗产空间分布图

业等工业遗产代表了清代末年开埠后，营口港贸易交易兴起，沿港口逐渐形成以小型印刷、纺织为代表的"轻工业"集聚区文化；营口造纸化工集聚区和营口制盐工业集聚区内造纸化工工业遗产代表了从日本占领时期至今，在独特的沿海地理位置下形成的以大规模造纸、化工加工为主的工业集聚区，其发展至 20 世纪在厂区规模和产品销量上成为当时全国乃至亚洲最大的造纸厂和制盐区域（表 6-13）。

表 6-13　轻化工文化下工业遗产板块文化价值

工业遗产集聚区	典型工业遗产	主要功能	文化价值		
			时间导引	重要文化	主要特征
辽河沿岸工业遗产集聚区	牛庄海关旧址、营口港旧址、东北染厂旧址	港口交通、轻工业	清代末年	营口开埠后港口运输兴起，带动沿河周边轻工业发展，成为我国最早发展交通和工业的地带	沿大辽河分布，规模较小，以 2~3 层厂房居多，建筑外立面以欧式风格为主
营口造纸化工集聚区	营口造纸厂	造纸业	日本占领时期一中华人民共和国成立后	有当时全国乃至亚洲最大的造纸企业及机械造纸发源地	大型工业厂房集聚区，占地 1 平方千米以上
营口制盐工业集聚区	营口盐场	化工业	从近代至今	一直是辽宁省最大产盐基地，素有"百里银滩"之称，中国四大盐场之一	依托沿海湿地形成大型露天制盐景观风貌

6.3.1.2 与城市互动发展

营口工业遗产相比于其他城市遗存较少且利用较弱，多处于发展停滞和荒废状态。与区域其他城市相对比，营口缺少相对明确的工业城市文化特征。在最新营口市总体规划修编中着重强调发掘城市文化产业，辐射带动其他传统产业发展，提出现今城市文化建设的问题主要体现在三点：首先，营口目前没有什么文化产业，文化体系建设不完整；其次，随着市民精神文化需求的增长，营口市公共文化设施服务暴露出规模不足、类型单一的问题；此外，一批代表城市文化的历史遗存已荒废，缺乏对有代表性的工人文化、企业文化、社区文化等城市文化的深入挖掘和研究。所以在营口工业遗产板块内对工业遗产的保护再利用中，应结合营口总规需要解决问题，以城市发展需求为出发点选择一种或多种混合的利用模式，综合考虑区位特征、区域功能和外部环境，对各工业遗产集聚区提出相应的规划策略（表6-14）。

表6-14 辽河沿岸工业遗产集聚区功能置换

工业遗产名称	原有功能	现有功能	功能置换	示意图
太古轮船公司旧址	交通运输	美术馆	保持现有用途，现在已经成为营口市典型文化景点代表	
牛庄海关旧址	交通运输	景点		
牛庄邮便局旧址	邮政通信	景点		
日本三菱公司旧址	机械制造	商业设施	现在成为老街商业街一部分，但街区人流较少，建议在周边建设小型工业主题公园，带动文化氛围吸引人流	
东北染厂旧址	纺织印染	商业设施		
营口港区旧址	交通运输	交通运输	着重保护建筑外观和内部结构真实，在周边建设展示厅或博物馆，宣传营口港区从开埠至今的演变历程	

续表6-14

工业遗产名称	原有功能	现有功能	功能置换	示意图
新华印刷厂旧址	造纸印刷	闲置	周边以新建居住小区为主，建议对厂房进行改造扩展，形成具有工业气息的现代化饭店、超市或市场店	
营口纺织厂旧址	纺织印染	闲置	位于老城商业中心，建议将厂房和办公楼改造扩展成为商业服务性盈利设施	
东亚烟草株式会社旧址	食品行业	闲置		

（1）老城区中心：与公共设施建设结合

辽河沿岸工业遗产集聚区位于老城中心，内部遗产众多且整体规模较小。其中部分沿辽河具有浓厚文化气息的工业遗产已经被改造更新为博物馆、展示馆、美术馆等。因此对没有进行利用的荒废的工业遗产，针对周边分布密集的居住、商业等用地性质，将其改造成满足片区需求的公共设施如超市、家居市场，甚至转化为学校教学楼等，这样既能节省资源，解决城区公共设施较少问题，也能激发文化活力，提升城市文化气息。

（2）工业区中心：创意产业园区

营口造纸化工集聚区位于营口东北方老工业区内，以营口造纸厂为典型代表的大型工业遗产处于倒闭闲置状态，结合老工业区临海优越的地理位置和交通条件现状，参照上海众多典型旧工业园区改造案例（图6-15），可以对营口造纸厂进行创意产业园的规划，通过利用闲置的大型厂房与厂区空间进行现代网络化创意产业的功能变换，促进其与居民、社区形成互动，向传统工业、服务业渗透，推动它们的升级，调动片区的创造力。

图 6-15　上海工业遗迹文化创意产业园效果图

（图片来源：BBS・精华资料馆）

（3）城区边缘及外围：大型景观公园

营口制盐工业集聚区位于城区南部边缘，以"百亩银滩"的营口盐场为核心，由于周边有大量的闲用地和农林耕地，所以在不影响生产开发的基础上，适合建立大型景观公园。结合现代景观设计手法，通过对周边生态环境自然要素和百里露天盐场人工工业元素进行融合、再生，形成具有全新功能和含义的环境景观，这样可以增强营口城区边缘地带的生态人文景观环境，游客也可学习辽宁制盐工艺和欣赏露天盐场景观。

6.3.2　"煤矿文化"工业遗产板块

6.3.2.1　板块文化价值

阜新城市发展起源于"亚洲第一大露天矿"——海州露天煤矿的开采，发展至今成为以煤炭开采加工著称的煤矿工业城市，所遗留下来的工业遗产以海州露天煤矿为核心，沿铁路线和西河分布火车站、仪器厂、发电厂、制造公司，如图 6-16 所示，均以煤炭资源为核心布置煤炭运输、加工、冶炼等工业，具有浓厚的煤矿工业文化气息（表 6-15）。

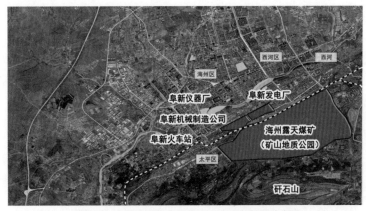

图 6-16　阜新工业遗产板块内工业遗产空间分布图

表6-15　煤矿工业文化下工业遗产板块文化价值

工业遗产	主要功能	核心价值
海州露天矿	煤炭资源开采	阜新煤炭支柱企业、亚洲煤炭工业演变的活化石
阜新站	以煤炭运输为主	辽宁省乃至全国运输煤炭的交通枢纽
阜新发电厂	以煤炭为原材料进行火力发电，供应阜新生产及生活用电	为煤炭开采提供能源电力的支撑企业
阜新仪器厂 阜新制造公司	以煤炭为原材料进行机械、装备制造，为矿产开采提供设备	为煤炭开采提供机械设备的重要企业

　　区域内核心代表企业海州露天煤矿是我国早期建设的具有开创性的工业景观，成为我国煤炭工业的标本和活化石。在工业风貌上，规模宏大、梯田式开采逐层下沉收拢的露天矿坑，代表了露天煤炭开采的工业历程和产业风貌（表6-16）。在大规模开采区域内以矿坑为核心，周边分布厂房、开采设备、万人坑等，反映不同时代煤炭生产遗迹。在产业技术上，企业志中记录了从"人工挖掘—机械化开采—电气化加工—数字化运作"的煤炭开采技术全过程。

表6-16　海州露天矿工业遗产文化价值

	工业遗产	主要特征	主要价值
矿坑开采	矿坑地形地貌景观	规模宏大、层次清晰、螺旋式开采结构	世界上最大的废弃规则矩形人工矿坑，中国大陆最低点
矿业生产	内外排土场	面积大、排量多	各类生产设施被完整保存，其完整性是独有的
	铁路运输	线路长、盘旋上升	
	供电系统	在空中如蜘蛛网	
	开采工具	开采设备种类齐全	
矿产制品	以煤炭为主、玛瑙为特色	品种齐全、质量高	煤炭质量高、玛瑙为区域独有资源

注：参考《阜新海州露天矿国家矿山公园景观改造策略与方法研究》总结

6.3.2.2　与城市互动发展

　　由于阜新工业遗产集聚区位于阜新城区南部边缘区域，处于西河、海州、太平三区的交界处（图6-17），整体为阜新市产业功能的重要组成细胞，因此在工业用地停产废弃或转型下成为典型的功能性破碎孔洞，与周边用地产生功能不融合的排斥现象。所以在未来发展中，要紧密结合阜新城市总体规划的发展导向和功能定位，在与其他区域的功能空间相互渗透、交织下对其进行功能置换，使其能够融入到新的城市格局中，从而在完善城市总体功能的同时带来新的经济增长与空间格局。

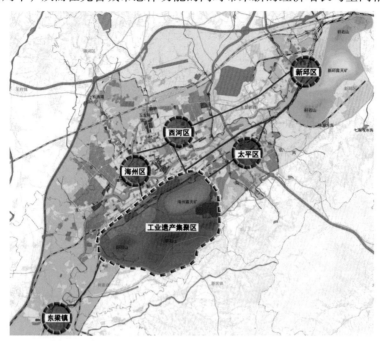

图 6-17 阜新城区现状工业遗产位置分布图
（图片来源：结合《阜新市城市总体规划（2013—2020 年）》内容绘制）

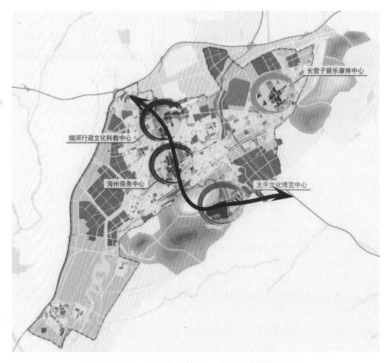

图 6-18 阜新城市总体规划内产业发展规划图
（图片来源：结合《阜新市城市总体规划（2013—2020 年）》内容绘制）

　　《阜新市城市总体规划（2013—2020 年）》确定城市着重打造文化产业支点，以海州露天矿山地质公园为核心南北向打造阜新城市文化产业带（图 6-18）。根据总体规划中对此片区城市功能的定位，南部大型封闭式的工业遗产需要割裂，打破原来的组织模式，与城市互融、交织，走向开放整合。整体以海州露天矿山地质公园为核心对周边工业遗产采用复合的保护与利用模式，结合阜新发电厂等大型企业工业遗产，选择部分条件适合的厂房发展煤电产业园区，规划建设一条集煤炭"开采—运输—加工—制造—开采"的循环煤矿开采加工产业链的文化旅游观光线路，形成带有主题文化的新功能触媒点，促进区域形成以工业遗产景观为主导的城市文化片区，辐射周边的海州、西河、太平文化中心，促进阜新形成城市文化产业带（表 6-17）。

表 6-17　阜新工业遗产板块内功能置换

工业遗产名称	工业遗产	现状功能	功能置换	意向图
城市郊区边缘	海州露天矿	矿山地质公园	涵盖两座石干山，扩大地质公园，打造煤矿主题的综合型公共空间	
老城铁路沿线地段	阜新站	交通运输	公共开放广场，成为中心地段标志性空间	
	阜新发电厂	电力发电	电力及制造业产业园区开发，内部设置博物馆或展览馆	
	阜新制造公司	机械制造		
老城区中心	阜新仪器厂	废弃	商业服务、矿产产品与营利性商业项目结合	

6.3.3 "铁矿文化"工业遗产板块

6.3.3.1 板块文化价值

歪头山铁矿和南芬露天铁矿均为本溪钢铁公司重要的原材料基地。两个铁矿开采历史悠久，始于清代道光年间，开发建设在日本占领时期，发展至今从开采规模、开采技术和存储质量等方面闻名全国，已经形成自身独具特色的铁矿文化，支撑着当地乡镇及本钢、鞍钢的经济发展（表6-18）。

表6-18　铁矿工业文化下工业遗产板块文化价值

	历史沿革（近代—现代）	重要文化	核心价值		现状布局
			矿产风貌	工艺技术	
歪头山铁矿集聚区	开始：清代官办（1851—1925年） 发展：日本占领时期（1931—1945年） 停滞：国民党统治时期（1946—1948年） 发展：本溪解放（1948年至今）	1. 从清代开始人工打眼开采采掘区域； 2. 沦陷时期在日本大肆压榨下，出现矿工万人坑； 3. 中华人民共和国成立后技术改革下，三次采矿设计及开采规模扩展	"开采选矿加工"密集区域：露天开采区、废料堆积区、选矿厂、尾矿库	1. "之"字形采掘工艺； 2. 选矿厂生产工艺—湿式自磨机生产； 3. 炼铁工艺流程	
南芬铁矿集聚区	开始：中日合办（1911—1925年） 发展：日本占领时期（1926—1945年） 停滞：国民党统治时期（1946—1949年） 发展：本溪解放（1949年至今）	1. 日本占领时期开采，导致1.7万劳工惨遭涂炭； 2. "一五"时期国家重点项目，我国首个全机械化露天开采铁矿区； 3. 20世纪年产量突破800万吨，在我国同类型矿山中年产量最高	以大面积摊开式露天开采为主：两大露天开采区	1. "深凹"式采掘工艺； 2. 露天采掘技术设备发展	

开采规模：两个矿山占地规模宏大，均在 10 平方千米以上。歪头山铁矿集聚区是以"开采—选矿—加工"为一体的综合型大型联合矿山区域；南芬铁矿集聚区以大面积摊开式露天开采为主，选矿、加工均运输至南芬城区周边进行。

开采技术：两个铁矿产业风貌各具特色，其中歪头山铁矿集聚区内采用"之"字形螺旋式开采线路，以铁路和汽车联合开拓的方式形成两个大型椭圆形深渊矿坑；南芬铁矿集聚区采用沿一侧大面积"深凹式"开采线路，以汽车开拓为主，依托山体屋脊沿两侧下陷形成迂回式开采矿坑。

矿产特征：两个矿山的铁矿资源存储量为辽宁省之最，矿产集中且离地表较近，发展至今每年产量在 500 万吨以上，以盛产适用于钢铁冶炼的低磷、低硫、易燃的产品为主。

6.3.3.2　与城市互动发展

歪头山、南芬铁矿集聚区分别位于本溪市规划区边缘的北部歪头山镇和南部南芬区内，距离本溪城区 20 千米左右，从近代铁矿开采至今形成"以矿兴镇、以矿养镇"模式。由于现今铁矿资源枯竭，歪头山镇和南芬区在原来依赖铁矿开采加工基础上需要进行产业结构升级和转型发展，在《本溪市城市总体规划（2013—2020 年）》中，确定城区向北发展建立沈溪新城、新本溪主城、南芬新区等（图 6-19），在空间上与沈阳城区相连形成沈本区域一体化发展。其中歪头山镇位于沈溪新城边缘，规划依托歪头山铁矿发

图 6-19　本溪新城区空间规划示意图
（图片来源：沈本新城总体规划（2013-2030））

展冶金采选矿业；南芬区位于新本溪主城内以铸件产业为核心的区域副中心城区。

依据总体规划打造新型城区，歪头山、南芬工业遗产集聚区成为新型城区产业发展重要组成部分，可借助沈本区域发展带的交通，将歪头山铁矿集聚区、南芬铁矿集聚区和本溪城区工业遗产进行联通，打造本溪区域铁矿主题旅游线路。歪头山和南芬铁矿集聚区借助周边用地性质和自身大规模的矿产风貌及内部工业遗址，将其作为城市开敞空间进行铁矿主题的矿山地质公园规划，展示大型铁矿集聚区开采、加工文化。其作为新城区的重要组成部分有助于工业产业、观光娱乐等与周边地块形成融合发展，加快工业遗产的保护利用以及铁矿主题文化传播。

德国杜伊斯堡工业遗址公园为典型代表案例（图 6-20），其依据工业遗产现状

和产业风貌进行主题文化分区，然后在各个分区内对废弃停产的工业标志性构筑物、大型矿坑遗址等增加教育、游憩、休闲等功能，进行游线、景观、环境的规划，使之成为以展现矿业文化底蕴为核心，集科普教育、休闲观光为一体的主题公园。另一方面，其对矿产集聚区进行生态再造和可持续利用，如污染处理、水质处理、土壤改良、植被恢复和工程安全，以创建区域的生态安全格局，成为未来总体规划下新型城区产业发展、文化旅游、生态景观的典型代表地带。

图 6-20　德国杜伊斯堡工业遗址公园
（图片来源：《行走世界建筑》71 期）

6.3.4　"菱镁矿文化"工业遗产板块

6.3.4.1　板块文化价值

　　辽宁省大石桥市往东 8 千米的南楼经济开发区，拥有世界 1/4 菱镁矿储藏，矿体厚、品位高，是不可多得的富矿。从 20 世纪初日本人在此地圣水寺、牛心山一带发现矿产进行露天开采，到今日菱镁矿场和相关的加工企业林立，已经形成规模较大、集"开采—筛选—冶炼"为一体的菱镁矿集聚区。此区域从开采历史、开采规模和矿产特征等方面均代表了辽宁省乃至我国菱镁矿工业文化。

　　开采历史：从 1917 年日本侵略者拿到开采许可证开始，长达 30 年掠夺式开采，剥削劳工最多时曾达到 2 万余人，每年开采运输回日本的菱镁矿总量均在 1000 万吨以上。现今遗留下的虎石沟万人坑内的矿工白骨充分反映当年日本侵略者在此疯狂采矿、迫害劳工等罪行（图 6-21）。

　　开采规模：涵盖圣水寺、牛心山形成占地 6 平方千米左右的大型露天矿，周边密集分布菱镁矿加工企业和小型居民点。

　　产品销售：从中华人民共和国成立前单一地进行菱镁矿开采加工，发展至今扩大销售渠道应用到冶金、化工、轻工等各个行业，从 20 世纪 90 年代就成为营口支柱型企业，以"镁都"闻名全国。

　　矿产特征：存储高多，以大型矿床为主；矿石质量优良，矿体较厚，以富矿居多。

图 6-21　虎石沟万人坑遗址内部景观图

（图片来源：百度百科）

6.3.4.2　与城市互动发展

　　南楼菱镁矿集聚区位于大石桥城区东侧，紧邻南楼镇区与大石桥城区，位于城区边缘地带（图 6-22）。在大石桥城市总体规划中制定城市产业向东发展，以大型菱镁矿资源为核心建设南楼经济开发区，拓展菱镁矿开采加工产业链，形成支撑营口的新的产业集聚区。但是由于矿产类工业遗产紧邻城区生活用地，在近百年露天开采下，区域生态环境较为恶劣，成为形成生态化经济开发区的阻碍。

图 6-22　南楼菱镁矿工业遗产板块现状图

结合城市发展建设内容，在城区边缘的南楼菱镁矿集聚区工业遗产保护和开发中，要以解决区域环境污染为前提，对工业遗产矿山区域进行生态修复。在修复方式上可选择以原来产业为主题的公园模式，以英国"伊甸园"矿山地质公园为典型代表的将文化内涵赋予公园绿地的模式得到了许多城市的认同（图6-23）。借助当地政府、菱镁矿企业的力量，以"生态""可持续""矿产文化"为核心进行菱镁矿主题公园规划。依托高的地势条件、悠久的菱镁矿开采史和现存的纪念场馆为基础，建立景观公园和历史纪念博物馆共存模式，使得室内展览和室外观光相得益彰，提升场所属性。在室外观光中针对开采痕迹，在生态修复的前提下采取生态改造、艺术加工等改造措施，创造良好的生态环境，将场地上独特的地表痕迹留下来，以旧铁路铁轨作为游览线路，带领游客和市民感受矿区工业历史文化景观，宣传矿产文化。

图6-23 英国"伊甸园"矿山地质公园鸟瞰图
（图片来源：豆丁网《英国伊甸园工程》）

城区边缘以生态修复为目的建立主题公园与博物馆展示馆等共存模式，使大型工业遗产融入城市开放空间、城市绿地系统和文化高地的多重属性，既能对矿山进行生态修复，提升区域生态环境，又能将工业文化最大限度地融入到了市民生活中，成为城市文化的最好展厅。

6.4 工业遗产节点价值性更新

工业遗产节点分布较为分散，远离城区独立存在于一定区域范围内。挖掘其文化主题价值，便于在探索保护更新上结合自身工业文化特色采用多样性的更新利用模式。

6.4.1 文化主题价值

工业遗产节点在产业类型上分为矿产、交通运输、电力三个门类（表6-19），依据其产业门类、现状遗存、历史背景，来梳理其文化价值和能够进行保护更新的重大意义。

矿产类工业遗产节点与工业遗产板块内集开采加工为一体的大规模景观风貌不同，节点内矿产风貌主要以占地规模较小、20世纪遗留下来的小型露天矿坑或废弃厂房、交通辅助运输等建（构）筑物为主，经营类型丰富，涵盖煤、铁、铅、铜、菱镁矿等多种类型。现今其虽然资源枯竭，建（构）筑物破败，但是在20世纪是当地经济支柱型企业，供应片区居民生活，在当地具有浓厚的认同感和归属感。交通运输类桥头火车站、兴隆桥工业遗产节点以遗留下来的站舍和桥墩为主，从20世纪开始就是南芬区铁矿运输至本溪城区进行加工的中转交通枢纽地带。电力类的桓仁发电厂以整体厂区为主，整体代表了现代辽宁省水利发电技术水平和产业风貌，从20世纪70年代建立至今一直是本溪地区供应电力设施的核心企业。

表6-19　工业遗产节点产业类型下更新利用内容

产业类型	工业遗产节点	所处位置	更新利用内容
矿产类	红阳煤矿	乡镇郊区	不使用，更新利用矿坑、厂房、开采设备
	辽阳灯塔采矿厂旧址		
	营口五〇一矿旧址		
	柴河铅锌矿		
	仙人咀西山铅矿旧址		
	红秀山铜矿		
交通运输类	桥头火车站、兴隆桥旧址	乡镇城区	不使用，更新利用场站、桥梁
电力类	桓仁发电厂	乡镇城区	正在使用，更新利用废弃厂房

6.4.2 更新利用模式

6.4.2.1 工业旅游景点："保护再生"模式

对在偏远郊区建（构）筑物有较高文化价值的拥有矿产文化风貌的工业遗产，在整体保护修复遗址完整性的基础上，融合周边自然环境和矿产风貌，对周边空间进行重组改造，形成工业遗址公园。在工业旅游促进下带动偏远郊区的文化产业发展和经济效益提升。

对沈阳经济区内六个矿产类工业遗产节点，结合各地的地形地势和自然景观环境建设工业遗址公园。在设计上，规划博物馆或展示馆展示露天矿坑、生产设备、建（构）筑物遗迹、开采矿产等，并结合自然景观和产业风貌规划游览路线，建立公共游憩空间，在保护与展示工业遗存的同时，满足游客历史文化体验和休闲观光的双重需求。

6.4.2.2 商业文化设施："保护开发"模式

对于乡镇城区内铁路线路周边的交通型工业遗产节点，对其具有价值的构筑物设施依据使用功能进行修缮改造，成为融合片区功能的公共文化场地或公共地标构筑物，这样既能吸引游客又能彰显工业文化内涵。

桥头火车站、兴隆桥旧址依据其位于镇区临近铁路和河流的优越地理位置，结合周边密集的商住混合用地，对站舍和铁路桥进行营利性公共商业设施改造。在设计上保留站舍外立面灰砖硬山墙的特色，适当加建现代化元素，形成具有铁路交通风格的商业设施；结合周边环境对铁路桥遗址的桥墩进行改造，可规划小型公共广场，将桥墩改造成片区地标型构筑物，烘托矿产铁路运输的历史文化并吸引人流，以提升由站舍改造的商业设施的经济效益。

6.4.2.3 博物馆、展示厅："改造更新"模式

城区内利用旧工业建筑改造而成的博物馆、展示厅，既保存工业遗产中具有较高价值的物质实体，又展现工业遗产积淀下来的文化和传统等精神内涵。

桓仁发电厂在不影响电厂正常生产的情况下，对钢筋混凝土结构的大空间废弃厂房进行修整和完善，规划改造成博物馆、展示馆。将生产至今的具有浓厚非物质价值的桓仁电力工业建筑历史价值和工艺价值转化为直接能够体验参观的文化产业，让大众在浏览现代厂区风貌的同时，能够亲身感受蕴含在高大建筑体量内的电力企业发展历史和技术更新历程等电力工业文化精髓。

参考文献

[1] 王志芳，孙鹏. 遗产廊道：一种较新的遗产保护方法 [J]. 中国园林，2001(5).

[2] 俞孔坚，朱强，李迪华. 中国大运河工业遗产廊道构建：设想及原理 [J]. 建设科技，2007(11).

[3] 梁雪松. 遗产廊道区域旅游合作开发战略研究：以丝绸之路中国段为例 [D]. 西安：陕西师范大学，2007.

[4] 朱强，李伟. 遗产区域：一种大尺度文化景观保护的新方法 [J]. 中国人口资源与环境，2007(1).

[5] 辽宁省地方志编纂委员会. 辽宁省志 [M]. 沈阳：辽宁人民出版社，2003.

[6] 冯健. 转型期中国城市内部空间结构 [M]. 北京：科学出版社，2004.

[7] 王肖宇. 辽宁前清建筑遗产区域保护 [M]. 沈阳：辽宁科学技术出版社，2015.

[8] 罗佳明. 中国世界遗产管理体系研究 [M]. 上海：复旦大学出版社，2004.

[9] 王玉丰. 揭开昨日工业的面纱：工业遗址的保存与再造 [M]. 高雄：科学工艺博物馆，2003.

[10] ALFERY J，PUTNAM T. The industrial heritage managing resources and uses[M]. London:Rout ledge，2002.

[11] XIE FEIFAN . Developing industrial heritage tourism：a case study of the proposed jeep museum in Toledo，Ohio[J]. Tourism Management，2005(7).

[12] ALDOUS T. Britain's industrial heritage seeks world status[J]. History Today，2003(5).

[13] EUGSTER J Glenn. Evolution of the heritage areas movement[J]. The George Wright FORUM，2003，20(2) .

[14] 翁林敏，王波 . 后工业时代无锡工业遗产的保护与更新 [J]. 建筑师，2008(6).

[15] 王建波，阮仪三. 作为遗产类型的文化线路：《文化线路宪章》解读 [J]. 城市规划学刊，2009(4).

[16] 奚雪松，俞孔坚，李海龙. 美国国家遗产区域管理规划评述 [J]. 国际城市规划，2009，24(4).

[17] 韩福文，佟玉权. 东北地区工业遗产保护与旅游利用 [J]. 经济地理，2010,30(1).

[18] 王丽萍 . 文化线路与滇藏茶马古道文化遗产的整体保护 [J]. 西南民族大学学报：人文社科版，2010，31(7).

[19] 何军 . 辽宁沿海经济带工业遗产保护与旅游利用模式 [J]. 城市发展研究，2011，18(3).

[20] 杜忠潮，柳银花. 基于信息熵的线性遗产廊道旅游价值综合性评价：以西北地区丝绸之路为例 [J]. 干旱区地理，2011，34(3).

[21] 哈静，潘瑞，谢占宇. 基于遗产区域视角的沈阳经济区工业遗产保护初探 [C]// 朱文一，刘伯英 . 中国工业建筑遗产调查、研究与保护（三）：2012 年中国第三届工业建筑遗产学术讨论文集. 北京：清华大学出版社，2013.

[22] 俞孔坚. 世界遗产概念挑战中国：第28届世界遗产大会有感[J]. 中国园林，2004，20(11).

[23] 张松，李宇欣. 工业遗产地区整体保护的规划策略探讨：以上海市杨树浦地区为例 [J]. 建筑学报，2012(1).

[24] 朱莹，张向宁. 进化的遗产：东北地区工业遗产群落活化研究 [J]. 城市建筑，2013(5).

[25] 韩福文，王芳. 基于工业遗产保护的辽宁特色文化城市建设探讨 [J]. 现代城市研究，2013(4).

[26] 王烁. 沈阳经济区工业遗产旅游开发对策探究 [J]. 旅游纵览月刊，2014(2).

[27] 吴佳雨，徐敏，刘伟国，等. 遗产区域视野下工业遗产保护与利用研究：以黄石矿冶工业遗产为例 [J]. 城市发展研究，2014，21(11).

[28] 赵晓宁，郭颖. 文化线路视野下的蜀道（四川段）研究现状及思路探讨 [J]. 西南交通大学学报：社会科学版，2015，16(2).

[29] 李伟，俞孔坚，李迪华. 遗产廊道与大运河整体保护的理论框架 [J]. 城市问题，2004(1).

[30] 麻三山. 遗产廊道：湘鄂黔少数民族地区文化遗产保护新思维 [J]. 前沿，2009(6).

[31] 王丽萍. 文化线路：理论演进，内容体系与研究意义 [J]. 人文地理，2011(5).

[32] 俞孔坚，方琬丽. 中国工业遗产初探 [J]. 建筑学报，2006(8).

[33] 单霁翔. 关注新型文化遗产：工业遗产的保护 [J]. 中国文化遗产，2006(6).

[34] 李辉，周武忠. 我国工业遗产地研究述评 [J]，东南大学学报，2005(12).

[35] 李蕾蕾. 逆工业化与工业遗产旅游开发：德国鲁尔区的实践过程与开发模式 [J]. 世界地理研究，2002(3).

[36] 刘伯英，李匡. 工业遗产的构成与价值评价方法 [J]，建筑创作，2006(9).

[37] 张毅杉，夏健. 塑造再生的城市细胞：城市工业遗产的保护与再利用研究 [J]. 城市规划. 2008(2).

[38] 张毅杉，夏健. 城市工业遗产的价值评价方法 [J]. 苏州科技学院学报. 2008(1).

[39] 张伶伶，夏伯树. 东北地区老工业基地改造的发展策略 [J]. 工业建筑，2005(3).

[40] 张艳锋，张月皓，陈伯超. 老工业区改造过程中工业景观的更新与改造：沈阳铁西工业区改造新课题 [J]，现代城市研究，2004(1).

[41] 李林，魏卫. 国内外工业遗产旅游研究述评 [J]. 华南理工大学学报，2005(8).

[42] 陈东林. 三线建设：离我们最近的工业遗产 [J]. 中国国家地理，2006(6).

[43] 王建国，蒋楠. 后工业时代中国产业类历史建筑遗产保护性再利用 [J]. 建筑学报，2006(9).

[44] 华昇. 基于 GIS 的长沙市景观格局定量分析与优化研究 [D]. 长沙：湖南大学,2008.

[45] 徐晓波. 城市绿色廊道空间规划与控制 [D]. 重庆：重庆大学,2008.

[46] 樊红艳. 土地综合评价方法中的数据无量纲化研究 [D]. 兰州：甘肃农业大学,2011.

[47] 郭明杰,魏然,王进. 特尔斐法简介 [J]. 经营管理者,1999（6）.

[48] 叶宗裕.关于多指标综合评价中指标正向化和无量纲化方法的选择[J].浙江统计,2003(4).

[49] SAATY Thomas L. Measuring the fuzziness of sets[J]. Cybernetics and Systems,1974(44).

[50] SAATY Thomas L. The U.S.–OPEC energy conflict the payoff matrix by the analytic hierarchy process[J]. International Journal of Game Theory,2005(84).

[51] 佟玉权. 中东铁路工业遗产的分布状况及其完整性保护［J］. 城市发展研究，2013，20（4）.

[52] 国际工业遗产保护协会（TICCIH）. 工业遗产之下塔吉尔宪章［J］. 建筑创作，2006（8）.

[53] 肖剑. 浅析我国工业时代建筑遗产保护与利用 [J]. 中国科技信息，2008，(17).

[54] 俞孔坚，张蕾，周菁. 新苏州园林：运河工业文化景观廊道——苏州运河（宝带桥至觅渡桥段）两岸景观规划案例 [C]// 中华人民共和国建设部城建司. 首届城市水景观建设和水环境治理国际研讨会论文集，2007(11).

[55] 张松，镇雪锋. 遗产保护完整性的评估因素及其社会价值 [C]. 和谐城市规划：2007 中国城市规划年会论文集，2007.

[56] 伯格恩. 新型遗产：工业遗产 [C]. 世界遗产大会报告：2 期，1998.

[57] 於晓磊，宋晶. 城市产业遗存地再开发的运作模式研究 [C]. 和谐城市规划：2007 中国城市规划年会论文集，2007.

[58] 庄简狄. 旧工业建筑再利用若干问题研究 [D]. 北京：清华大学，2004.

[59] 林林. 关于文化遗产保护的真实性研究 [D]. 上海：同济大学，2003.

[60] 周陶洪. 旧工业区城市更新策略研究 [D]. 北京：清华大学，2005.

[61] 张松：历史城市保护学导论 [M]. 上海：上海科学技术出版社，2001.

[62] 唐智华. 京杭运河文化遗产保护数据库 [D]. 长沙：中南大学，2009.

[63] TURNBULL,Alan J. The heritage partnership initiative：national heritage areas[J].Cultural Resource Management，1994，17(1).

[64] VINCENT Carol Hardy. Federal land management agencies：background on land and resources management[C]. Congressional Research Service，Library of Congress，2004.

[65] LORETA Andreea. Models of technical and industrial heritage reuse in Romania[J]. Procedia Environmental Sciences，2012（14）.

[66] HOGBERG Anders. The process of transformation of industrial heritage:strengths and weaknesses[J]. Museum International，2012.

[67] FLORE TINA C. Tourist capitalization of industrial heritage elements：a strategic direction of sustainable development. Case study the Petrosani Depression[J].GeoJournal of Tourism and Geosites，2010(5).

[68] PAWLIKOWSKA Anna. Industrial heritage tourism：a regional perspective[J]. Physical Culture and Sport Studies and Research，2008.

[69] LOURES L，PANAGOPOULOS T. Recovering derelict industrial landscapes in Portugal：past interventions and future perspectives[C]. Proceedings of the International Conference on Energy，Environment，Ecosystems & Sustainable Development. 2007.

[70] NPS. Erie Canalway national heritage corridor preservation and management plan[R]. 2006.

[71] Scott Allen J. Creative cities：conceptual issues and policy questions[J]. Journal of Urban Affairs，2006，28(1).

[72] Parvanov Georgi，Matsuura Koichiro，Davis Terry．Cultural corridors in south east Europe[J]．A Regional Forurn，2005．

[73] WASTON Donald，PLATUTUS Alan，SHIBLEY Robe G，eds．Time-Saver Standards For Uran Design[M]．New York：McGraw-Hill Companies，2003．

[74] KIRKWOOD Niall．Manufactured sites：rethinking the Post-industrial landscape[M]．London：SP ON Press，2001．

[75] MCINTOSH A J，PRENTCE R C．Affirming authenticity：consuming cultural heritage[J]．Annals of tourism research，1999,26(3)．

[76] 彭文洁．遗产廊道解说系统构建途径：以江南运河工业遗产廊道为例 [D]．北京：北京大学，2007．

[77] 丁小丽．丝绸之路宁夏固原段遗产廊道空间格局研究 [D]．西安：西安建筑科技大学，2008．

[78] 田燕．文化线路视野下的汉冶萍工业遗产研究 [D]．武汉：武汉理工大学，2009．

[79] 张毅．与城市发展共融：重庆工业遗产保护与利用探索 [D]．重庆：重庆大学，2009．

[80] 张强强．工业遗产廊道格局构建研究 [D]．北京：北方工业大学，2014．

[81] 张雪．青岛胶济线工业遗产廊道保护再利用与城市互动发展研究 [D]．济南：山东建筑大学，2014．

附录

附表 I 沈阳经济区工业遗产统计表

城市	序号	原有名称	现有名称	始建年代	核心功能	现状是否使用	遗存现状	遗存状况
沈阳	1	奉天驿	奉天驿及周围建筑群	1910	交通运输	使用	延续原有功能	A
	2	辽宁总站	沈阳铁路分局	1927	交通运输	使用	更改原有功能	A
	3	永安铁路桥	永安铁路桥	1841	交通运输	不使用	保存完好	A
	4	茅古甸站	浑河站旧址	1903	交通运输	不使用	保存完好	A
	5	奉天肇新窑业公司	沈阳台商会馆	1923	化学原料制品	使用	更改原有功能	A
	6	铁西工人村	铁西工人村生活馆	1952	公共服务	使用	延续原有功能	A
	7	沈阳铸造厂	铸造博物馆	1939	机械制造	使用	更改原有功能	A
	8	南满铁道株式会社	政府办公	1936	交通运输	使用	更改原有功能	A
	9	奉天纺纱厂	东北近代纺织工业博物馆	1921	纺织业	使用	更改原有功能	A
	10	奉天公署自来水厂	沈阳水务集团	1933	水供应	不使用	保存完好	A
	11	大亨铁工厂旧址	沈阳矿山机械集团有限公司	1923	机械制造	使用	延续原有功能	A
	12	奉海铁路局	沈阳东站	1927	交通运输	使用	延续原有功能	A
	13	满洲北陵水厂	沈阳水务集团二厂	1938	水供应	不使用	保存完好	A
	14	满洲曹达株式会社奉天工厂	沈阳化工股份有限公司旧址	1937	化学原料制品	不使用	保存一般	A

城市	序号	原有名称	现有名称	始建年代	核心功能	现状是否使用	遗存现状	遗存状况
沈阳	15	满洲农产化学工业株式会社奉天工厂	红梅味精厂	1937	饮食品加工	不使用	保存一般	A
	16	新大陆印刷株式会社	新华印刷厂	1945	造纸印刷业	不使用	保存一般	A
	17	满洲住友金属株式会社	铁西1905创意文化园	1937	机械制造	使用	更改原有功能	A
	18	奉西机场附设航空技术部野战修理厂	滑翔机制造厂	1933	机械制造	不使用	保存一般	A
	19	杨宇霆电灯厂	沈阳熔断器厂	1925	电力燃气供应	不使用	保存一般	A
	20	满洲麦酒株式会社	沈阳雪花啤酒厂	1936	饮食品加工	不使用	保存一般	A
	21	奉天机器局旧址	沈阳造币厂	1896	机械制造	使用	延续原有功能	A
	22	陆军造兵厂南满分厂	辽沈工业集团有限公司	1939	机械制造	使用	延续原有功能	A
	23	义隆泉烧锅	老龙口酒博物馆	1662	饮食品加工	使用	延续原有功能	A
	24	奉天军械厂	沈阳黎明航空发动机集团	1921	机械制造	使用	延续原有功能	A
	25	东三省官银号旧址	工商银行沈河支行用房	1905	公共服务	使用	更改原有功能	A
	26	南满洲铁道株式会社奉天公所	沈阳市少年儿童图书馆	1906	公共服务	使用	更改原有功能	A
	27	奉天邮便局旧址	沈阳市邮政局	1914	邮电通信	使用	延续原有功能	A
	28	奉天邮务管理局旧址	沈阳中国联通	1927	邮电通信	使用	更改原有功能	A

城市	序号	原有名称	现有名称	始建年代	核心功能	现状是否使用	遗存现状	遗存状况
沈阳	29	奉天自动电话交换局	沈阳网通公司	1928	邮电通信	使用	更改原有功能	A
	30	南满洲铁道株式会社奉天瓦斯作业所	沈阳炼焦煤气有限公司	1922	电力燃气供应	不使用	保存完好	A
	31	东亚烟草株式会社——大安烟草公司	沈阳卷烟厂	1919	饮食品加工	不使用	保存完好	A
	32	满洲藤仓工业株式会社	沈阳第四橡胶厂公司	1938	化学原料制品	使用	延续原有功能	B
	33	东京芝浦电气株式会社奉天制作所	沈阳高压开关有限责任公司表面分厂	1937	机械制造	使用	更改原有功能	B
	34	满洲日立制作所	沈阳变压器厂	1938	机械制造	使用	更改原有功能	B
	35	日资满洲汤线株式会社	沈阳东北蓄电池公司	1939	电力燃气供应	使用	延续原有功能	B
	36	沈阳鼓风机厂	沈阳鼓风机（集团）有限公司	1934	机械制造	使用	延续原有功能	B
	37	奉天八王寺汽水啤酒酱油有限公司	沈阳八王寺饮料有限公司	1920	饮食品加工	使用	延续原有功能	B
	38	三菱机器株式会社	沈阳机床集团有限公司沈阳第一机床厂	1935	机械制造	使用	延续原有功能	B
	39	国营 112 厂	沈阳飞机制造公司	1956	机械制造	使用	延续原有功能	B
	40	东北航空处	沈阳航天新光集团有限公司	1920	机械制造	使用	延续原有功能	B
	41	康平三台子煤矿	康平三台子煤矿	1969	采矿业	使用	延续原有功能	B

城市	序号	原有名称	现有名称	始建年代	核心功能	现状是否使用	遗存现状	遗存状况
沈阳	42	法库三家子煤矿	法库三家子煤矿	1951	采矿业	使用	延续原有功能	B
	43	红阳煤矿	红阳煤矿	1968	采矿业	使用	延续原有功能	B
	44	沈阳风动工具厂	沈阳凿岩机械股份有限公司	1955	机械制造	使用	保存不好	C
	45	东北制药总厂	东北制药集团股份有限公司	1946	化学原料制品	使用	保存不好	C
	46	中捷友谊厂	沈阳机床集团有限公司中捷友谊厂	1933	机械制造	使用	保存不好	C
	47	沈阳电缆厂	沈阳电缆厂	1955	机械制造	使用	保存不好	C
	48	中山钢业所	沈阳市轧钢厂	1933	金属冶炼	使用	保存不好	C
	49	满洲航空株式会社	沈阳飞机工业集团有限公司	1931	机械制造	使用	延续原有功能	C
	50	满洲制纸株式会社	沈阳纸板厂	1939	造纸印刷业	不使用	保存不好	C
	51	大阪静机工业所	沈阳第一标准件制造公司	1939	机械制造	不使用	保存不好	C
	52	东洋金属机工株式会社	沈阳锻压机床厂	1939	机械制造	不使用	保存不好	C
	53	沈阳弹簧厂	沈阳弹簧厂	1940	机械制造	不使用	保存不好	C
	54	满洲珐琅合资会社	沈阳市轻化搪瓷厂	1936	机械制造	不使用	保存不好	C
	55	奉天迫击炮厂	沈阳五三厂	1922	机械制造	不使用	保存不好	C
	56	合资会社满洲工业所	沈阳水泵厂	1932	机械制造	使用	保存不好	C

城市	序号	原有名称	现有名称	始建年代	核心功能	现状是否使用	遗存现状	遗存状况
抚顺	1	永安桥站	抚顺站	1923	交通运输	使用	延续原有功能	A
	2	滴台火车站	滴台火车站	1925	交通运输	使用	延续原有功能	A
	3	水帘洞火车站	水帘洞火车站	1915	交通运输	不使用	保存完好	A
	4	章党火车站	章党火车站	1927	交通运输	使用	延续原有功能	B
	5	抚顺东公园	抚顺东公园	1924	公共服务	使用	延续原有功能	A
	6	老虎台矿	老虎台矿	1901	采矿业	不使用	保存完好	A
	7	西露天矿	西露天矿	1901	采矿业	使用	延续原有功能	A
	8	东露天矿	东露天矿	1924	采矿业	不使用	保存一般	A
	9	胜利矿	胜利矿	1925	采矿业	使用	延续原有功能	A
	10	龙凤矿	龙凤矿	1934	采矿业	不使用	保存一般	A
	11	抚顺电力株式会社	抚顺发电有限责任公司	1908	电力燃气供应	使用	延续原有功能	A
	12	抚顺炭矿西制油厂	抚顺石化公司石油一厂	1928	石油加工冶炼	不使用	保存完好	A
	13	抚顺炭矿东制油厂	抚顺石化公司石油二厂	1939	石油加工冶炼	使用	延续原有功能	A
	14	抚顺炭矿石炭液化工厂	抚顺石化公司石油三厂	1936	石油加工冶炼	不使用	保存完好	A
	15	满洲轻金属制造株式会社抚顺工厂	抚顺铝业有限公司	1936	金属冶炼	不使用	保存完好	A
	16	铝厂印刷厂	抚顺铝业有限公司印刷厂	1954	金属冶炼	不使用	保存一般	A

城市	序号	原有名称	现有名称	始建年代	核心功能	现状是否使用	遗存现状	遗存状况
抚顺	17	炭矿事务所旧址	抚顺矿业集团	1931	采矿业	使用	延续原有功能	A
	18	抚顺石油化工厂	抚顺石油化工厂	1964	化学原料制品	使用	延续原有功能	A
	19	红透山铜矿	红透山铜矿	1937	采矿业	使用	延续原有功能	B
	20	抚顺化工厂	抚顺化工塑料厂	1949	化学原料制品	使用	延续原有功能	B
	21	抚顺水泥厂	抚顺水泥股份有限公司	1934	化学原料制品	使用	延续原有功能	B
	22	抚顺制纸株式会社	抚顺造纸厂	1930	造纸印刷业	使用	延续原有功能	B
	23	抚顺煤矿电机厂	抚顺煤矿电机制造有限责任公司	1958	机械制造	使用	延续原有功能	B
	24	新抚钢厂	抚顺新抚钢有限公司	1958	金属冶炼	使用	延续原有功能	B
	25	浑河大伙房水库发电厂	浑河大伙房水库发电厂	195	电力燃气供应	使用	延续原有功能	B
	26	抚顺特殊钢厂	东北特钢集团抚顺基地	1937	金属冶炼	使用	延续原有功能	B
	27	辽宁发电厂	辽宁发电厂	1957	电力燃气供应	使用	延续原有功能	B
	28	抚顺矿务局机械厂	抚顺矿业集团机械厂	1939	机械制造	使用	延续原有功能	B
	29	抚顺市红砖一厂	抚顺市红砖一厂	1932	化学原料制品	不使用	保存不好	C
	30	抚顺起重机总厂	抚顺起重机制造有限责任公司	1966	机械制造	使用	保存不好	C
鞍山	1	立山花车站旧址	立山花车站旧址	民国	交通运输	不使用	保存完好	A

城市	序号	原有名称	现有名称	始建年代	核心功能	现状是否使用	遗存现状	遗存状况
鞍山	2	汤岗子火车站旧址	汤岗子火车站旧址	20世纪初	交通运输	不使用	保存完好	A
	3	新开岭道	新开岭道	民国	交通运输	不使用	保存完好	A
	4	昭和制钢所	鞍山钢铁集团	1918	金属冶炼	使用	延续原有功能	A
	5	昭和制钢所运输系车辆厂	鞍钢铁路运输公司	1918	交通运输	使用	延续原有功能	A
	6	鞍钢第二炼钢厂	鞍钢第二炼钢厂	1970	金属冶炼	使用	延续原有功能	A
	7	昭和制钢所轧辊厂	鞍钢轧辊厂	1937	机械制造	使用	延续原有功能	A
	8	鞍钢重机工具厂	鞍钢重机工具厂	1952	机械制造	使用	延续原有功能	A
	9	昭和制钢所第一制钢厂	鞍钢第一炼钢厂	1933	机械制造	使用	延续原有功能	A
	10	鞍钢焦耐院	鞍钢焦耐院	1954	公共服务	使用	延续原有功能	A
	11	昭和制钢所钢绳工场拉丝车间	鞍钢钢绳有限责任公司	1939	机械制造	使用	延续原有功能	A
	12	昭和制钢所变电站	鞍钢变电厂	1937	电力燃气供应	使用	延续原有功能	A
	13	雄雅寮旧址	鞍钢第十五宿舍	1930	公共服务	使用	更改原有功能	A
	14	井井寮旧址	五一路手机市场	19世纪末	公共服务	使用	更改原有功能	A
	15	昭和制铁所研究所旧址	鞍钢研究所办公楼	1934	公共服务	使用	延续原有功能	A

城市	序号	原有名称	现有名称	始建年代	核心功能	现状是否使用	遗存现状	遗存状况
鞍山	16	昭和制钢所大病院旧址	鞍钢总医院	1940	公共服务	使用	延续原有功能	A
	17	鞍山满铁医院旧址	鞍山市中心医院	1924	公共服务	使用	延续原有功能	A
	18	鞍山公学校	鞍钢保卫部办公楼	1924	公共服务	使用	更改原有功能	A
	19	鞍钢职工大学	鞍钢职工大学	1956	公共服务	使用	延续原有功能	A
	20	鞍钢职工住宿中心	鞍钢职工住宿中心	1950	公共服务	使用	延续原有功能	A
	21	鞍钢附属企业公司	鞍钢附属企业公司	1950	公共服务	使用	延续原有功能	A
	22	沙河铁路桥旧址	沙河铁路桥旧址	民国	交通运输	不使用	保存完好	A
	23	大孤山铁矿	大孤山铁矿	1916	采矿业	使用	延续原有功能	A
	24	西鞍山矿洞遗址	西鞍山公园	19世纪末	采矿业	不使用	保存完好	A
	25	东鞍山露天铁矿	东鞍山露天铁矿	1958	采矿业	使用	延续原有功能	B
	26	小黄旗铅矿冶炼厂	小黄旗铅矿冶炼厂	民国	金属冶炼	使用	延续原有功能	B
	27	鞍山炼油厂	鞍山炼油厂	1978	石油加工冶炼	使用	延续原有功能	B
	28	鞍山制铁所骸炭工场	鞍山化工总厂	1918	化学原料制品	使用	延续原有功能	B
	29	仙人咀西山铅矿旧址	仙人咀西山铅矿旧址	民国	采矿业	不使用	保存不好	C
	30	庙宇岭萤石矿遗址	庙宇岭萤石矿遗址	1940	采矿业	不使用	保存不好	C

城市	序号	原有名称	现有名称	始建年代	核心功能	现状是否使用	遗存现状	遗存状况
本溪	1	大东站	本溪湖火车站	1905	交通运输	使用	延续原有功能	A
	2	沈丹铁路太子河甲线桥梁	沈丹铁路太子河甲线桥梁	1909	交通设施	使用	延续原有功能	A
	3	安奉铁路兴隆桥	安奉铁路兴隆桥旧址	1905	交通设施	不使用	保存完好	A
	4	桥头火车站旧址	桥头火车站旧址	1940	交通设施	不使用	保存完好	A
	5	田师府荣桥	田师府荣桥	1931	交通设施	不使用	保存一般	A
	6	安奉铁路桥头	安奉铁路桥头	1905	交通设施	不使用	保存完好	A
	7	本溪湖煤矿	本溪湖煤矿	清代	采矿业	使用	延续原有功能	A
	8	红脸沟煤矿	红脸沟煤矿	民国	采矿业	不使用	保存一般	A
	9	蜂蜜砬子选矿场遗址	蜂蜜砬子选矿场遗址	民国	采矿业	不使用	保存一般	A
	10	本溪湖煤铁有限公司第二发电厂	本溪钢铁公司第二发电厂	1937	电力燃气供应	使用	延续原有功能	A
	11	本溪湖煤铁有限公司旧址	本钢电器有限责任公司	1912	金属冶炼	使用	延续原有功能	A
	12	本溪湖煤铁公司事务所旧址	本钢电器有限责任公司	1912	金属冶炼	不使用	延续原有功能	A
	13	大仓喜八郎遗发冢	大仓喜八郎遗发冢	1924	公共服务	不使用	保存一般	A
	14	东山张作霖别墅	石灰石矿委员会	1946	公共服务	使用	更改原有功能	A

城市	序号	原有名称	现有名称	始建年代	核心功能	现状是否使用	遗存现状	遗存状况
本溪	15	桓仁发电厂	桓仁发电厂	1960	电力燃气供应	使用	延续原有功能	B
	16	北台钢铁厂	北台钢铁厂	1959	金属冶炼	使用	延续原功能	B
	17	南芬露天铁矿	南芬露天铁矿	1908	采矿业	使用	延续原有功能	B
	18	歪头山铁矿	歪头山铁矿	1912	采矿业	使用	延续原有功能	B
	19	北台山铁矿	北台山铁矿	1958	采矿业	使用	延续原有功能	B
	20	温泉寺火车站	温泉寺火车站	民国	交通设施	不使用	保存不好	C
	21	大岭隧道	大岭隧道	民国	交通设施	不使用	保存不好	C
	22	西岔铅矿坑口	西岔铅矿坑口	民国	采矿业	不使用	保存不好	C
	23	田师傅矿	田师傅矿	1952	采矿业	使用	延续原有功能	B
	24	暖河子煤矿	暖河子煤矿	1975	采矿业	使用	延续原有功能	B
	25	青城子铅锌矿	青城子铅锌矿	1978	采矿业	使用	延续原有功能	B
	26	牛心台矿	牛心台矿	1924	采矿业	使用	延续原有功能	B
	27	石灰石矿	石灰石矿	1970	采矿业	使用	延续原有功能	B
营口	1	营口港区	营口港区	1861	交通运输	使用	延续原有功能	B
	2	太古轮船公司营口分公司旧址	美术馆	1890	交通运输	使用	更改原有功能	A

城市	序号	原有名称	现有名称	始建年代	核心功能	现状是否使用	遗存现状	遗存状况
营口	3	牛庄海关旧址	牛庄海关旧址	1914	交通运输	不使用	保存完好	A
	4	红旗村纳潮闸	红旗村纳潮闸	民国	水供应	不使用	保存完好	A
	5	虎庄河防潮闸	虎庄河防潮闸	1965	水供应	使用	延续原有功能	A
	6	钟渊制纸株式会社营口工场	营口造纸厂	1936	造纸印刷业	不使用	保存完好	A
	7	东亚烟草株式会社旧址	营口舒爱得针织有限公司	1909	饮食品加工	使用	更改原有功能	A
	8	满洲内外棉株式会社熊岳工厂	熊岳印染厂旧址	1938	纺织业	不使用	保存一般	A
	9	营口五〇一矿旧址	营口五〇一矿旧址	1961	采矿业	不使用	保存一般	A
	10	东北染厂	东北染厂	民国	纺织业	不使用	保存一般	A
	11	日本三菱公司旧址	日本三菱公司旧址	1920	纺织业	不使用	保存一般	A
	12	牛庄邮便局旧址	牛庄邮便局旧址	清代	邮电通信	不使用	保存完好	A
	13	营口盐场	营口盐场	民国	化学原料制品	使用	延续原有功能	B
	14	大石桥菱镁矿	大石桥菱镁矿	民国	采矿业	使用	延续原有功能	B
	15	满洲化学工业株式会社营口工场	营口盐化厂	1937	化学原料制品	使用	延续原有功能	B
	16	亚细亚石油公司旧址	亚细亚石油公司旧址	1899	石油加工冶炼	不使用	保存不好	C

城市	序号	原有名称	现有名称	始建年代	核心功能	现状是否使用	遗存现状	遗存状况
营口	17	北大砬子铁矿旧址	北大砬子铁矿旧址	民国	采矿业	不使用	保存不好	C
	18	大荒沟菱镁矿	大荒沟菱镁矿	民国	采矿业	使用	延续原有功能	C
	19	营口纺织株式会社	营口纺织厂	1934	纺织业	使用	延续原有功能	B
	20	营口化学纤维厂	营口化学纤维厂	1976	纺织业	使用	延续原有功能	B
	21	国营营口染织厂	营口染织厂	1956	纺织业	使用	延续原有功能	B
	22	辽海印刷厂	营口市新华印刷厂	1948	造纸印刷业	使用	延续原有功能	B
	23	私营聚发铁工厂	营口机床有限公司	1929	机械制造	使用	延续原有功能	B
	24	锅底山铁矿	锅底山铁矿	1958	采矿业	使用	延续原有功能	B
铁岭	1	铁岭火车站	铁岭火车站	1913	交通运输	使用	使用	A
	2	开原驿	开原火车站	20世纪初	交通运输	使用	延续原有功能	A
	3	巨源益酒窖	巨源益酒厂	清代	饮食品加工	不使用	保存一般	A
	4	铁法矿务局大明煤矿	铁煤集团大明煤矿	1958	采矿业	使用	延续原有功能	B
	5	铁法矿务局晓明煤矿	铁煤集团晓明煤矿	1958	采矿业	使用	延续原有功能	B
	6	铁法矿务局小青煤矿	铁煤集团小青煤矿	1975	采矿业	使用	延续原有功能	B
	7	铁法矿务局大隆煤矿	铁煤集团大隆煤矿	1966	采矿业	使用	延续原有功能	B
	8	柴河铅锌矿	柴河铅锌矿	1912	采矿业	使用	延续原有功能	B

城市	序号	原有名称	现有名称	始建年代	核心功能	现状是否使用	遗存现状	遗存状况
铁岭	9	满洲豆秸株式会社开原工厂	开原造纸厂	1938	造纸印刷业	使用	延续原有功能	B
	10	昌图农机修造一厂旧址	昌图农机修造一厂旧址	1950	机械制造	不使用	保存不好	C
	11	西营盘煤矿	西营盘煤矿	1975	采矿业	使用	延续原有功能	B
辽阳	1	新寒岭火车站	新寒岭火车站	1966	交通运输	使用	延续原有功能	B
	2	寒岭火车站	寒岭火车站	1942	交通运输	使用	延续原有功能	A
	3	昭和制钢所水管线	昭和制钢所水管线	1933	水供应	不使用	保存完好	A
	4	满铁铁皮水塔	满铁铁皮水塔	1919	水供应	不使用	保存完好	A
	5	满洲麻纺织株式会社	辽阳麻纺织厂	1937	纺织业	不使用	保存一般	A
	6	满洲火药株式会社辽阳火药制造所旧址	辽阳市宏伟区曙光镇峨嵋村结核病院	1937	化学原料制品	使用	更改原有功能	A
	7	金家原日本煤铁矿	金家原日本煤铁矿旧址	1932	采矿业	不使用	保存一般	A
	8	弓长岭露天铁矿矿山	弓长岭露天铁矿矿山	1949	采矿业	使用	延续原有功能	A
	9	满洲碳矿株式会社烟台采矿所	辽阳灯塔采矿厂	1934	采矿业	使用	延续原有功能	A
	10	侵华日军关东军三八三部队变电所	庆阳化工（集团）有限公司	1938	机械制造	使用	更改原有功能	B
	11	辽阳造纸机械厂	辽阳造纸机械股份有限公司	1947	造纸印刷业	使用	延续原有功能	B

城市	序号	原有名称	现有名称	始建年代	核心功能	现状是否使用	遗存现状	遗存状况
辽阳	12	宝镜山石灰石成矿区	宝镜山石灰石成矿区	1950	采矿业	使用	延续原有功能	B
	13	寒岭铁矿区	寒岭铁矿区	1960	采矿业	使用	延续原有功能	B
	14	辽阳化工炼油厂	辽阳石化公司	1978	金属冶炼	使用	延续原有功能	B
	15	满洲林产化学工业株式会社辽阳工厂	辽阳工业纸版厂	1942	造纸印刷业	使用	更改原有功能	B
	16	满蒙棉花株式会社辽阳工厂	辽宁锻压机床股份有限公司	1919	纺织业	使用	保存不好	C
	17	侵华日军陆军造兵厂第二制造所	辽宁庆阳特种化工有限公司	1937	机械制造	使用	保存不好	C
	18	满洲水泥株式会社辽阳工厂	辽阳水泥制品厂	1935	化学原料制品	使用	保存不好	C
	19	烟台矿	烟台煤矿	1941	采矿业	使用	延续原有功能	B
阜新	1	阜驿火车站	阜新火车站	1938	交通运输	使用	延续原有功能	A
	2	阜新矿务局海州露天煤矿	阜新矿业集团海州露天煤矿	1950	采矿业	使用	延续原有功能	A
	3	伪满阜新炭矿株式会社水厂	阜新自来水公司	1936	水供应	使用	延续原有功能	A
	4	阜新矿务局东梁矿	阜新矿业集团东梁矿	1950	采矿业	使用	延续原有功能	B
	5	阜新仪器厂	阜新仪器厂	1954	机械制造	使用	延续原有功能	B

城市	序号	原有名称	现有名称	始建年代	核心功能	现状是否使用	遗存现状	遗存状况
阜新	6	阜新发电厂	阜新发电厂	1936	电力燃气供应	使用	延续原有功能	B
	7	阜新冶金备件厂	阜新机械制造公司	1956	机械制造	使用	延续原有功能	B
	8	阜新制作所旧址	阜新制作所旧址	1937	机械制造	不使用	保存不好	C
	9	八道壕煤矿	八道壕煤矿	1929	采矿业	使用	延续原有功能	B

附表 II 沈阳经济区工业遗产实体价值中建（构）筑物统计表

城市	序号	原有名称	现有名称	遗产点数目	遗产点原名	遗产点现名	始建年代	物质遗产类别	风貌特征
沈阳	1	奉天驿	奉天驿及周围建筑群	5	奉天驿	沈阳站	1910	交通设施建筑	日式建筑
					奉天铁路事务所	沈阳铁路宾馆	1911	配套服务建筑	日式建筑
					悦来客栈	医药大厦	1921	配套服务建筑	日式建筑
					共同事务所	沈阳饭店	1912	配套服务建筑	日式建筑
					千代田水塔	千代田水塔	1915	市政服务建筑	一般建筑
	2	辽宁总站	沈阳铁路分局	1	站舍	办公楼	1927	交通设施建筑	中西合璧
	3	永安铁路桥	永安铁路桥	1	铁路桥	铁路桥	1841	生产建筑	构筑物
	4	茅古甸站	浑河站旧址	1	站舍	仓库	1903	交通设施建筑	苏式建筑
	5	奉天肇新窑业公司	沈阳台商会馆	1	办公楼	会馆用房	1923	配套服务建筑	中西合璧
	6	铁西工人村	铁西工人村生活馆	1	建筑群	博物馆	1952	配套服务建筑	苏式建筑
	7	沈阳铸造厂	铸造博物馆	1	车间旧址	铸造博物馆	1939	配套服务建筑	一般建筑
	8	南满铁道株式会社	政府办公	2	办公楼	办公楼	1936	配套服务建筑	日式建筑
					办公楼	办公楼	1934	配套服务建筑	日式建筑
	9	奉天纺纱厂	东北近代纺织工业博物馆	1	办公楼旧址	博物馆	1921	配套服务建筑	中西合璧

城市	序号	原有名称	现有名称	遗产点数目	遗产点原名	遗产点现名	始建年代	物质遗产类别	风貌特征
沈阳	10	奉天公署自来水厂	沈阳水务集团	1	万泉水塔	万泉水塔	1934	市政服务建筑	一般建筑
	11	大享铁工厂旧址	沈阳矿山机械集团有限公司	1	办公楼	办公用房	1923	配套服务建筑	中西合璧
	12	奉海铁路局	沈阳东站	1	办公楼	站舍	1923	交通设施建筑	中西合璧
	13	满洲北陵水厂	沈阳水务集团二厂	1	水源地旧址	水源地旧址	1938	市政服务建筑	一般建筑
	14	满洲曹达株式会社奉天工厂	沈阳化工股份有限公司旧址	1	厂房	厂房	1937	工业设施建筑	一般建筑
	15	满洲农产化学工业株式会社奉天工厂	红梅味精厂	1	车间	车间	1937	工业设施建筑	一般建筑
	16	新大陆印刷株式会	新华印刷厂	1	厂房	厂房	1945	工业设施建筑	一般建筑
	17	满洲住友金属株式会社	铁西1905创意文化园	1	厂房	厂房	1937	工业设施建筑	一般建筑
	18	奉西机场附设航空技术部野战航空修理厂	滑翔机制造厂	1	厂房	仓库	1933	工业设施建筑	一般建筑
	19	杨宇霆电灯厂	沈阳熔断器厂	1	厂房	仓库	1925	工业设施建筑	一般建筑
	20	满洲麦酒株式会社	沈阳雪花啤酒厂	2	水井	水井	1936	市政服务建筑	一般建筑
					办公楼	办公楼	1936	配套服务建筑	日式建筑

城市	序号	原有名称	现有名称	遗产点数目	遗产点原名	遗产点现名	始建年代	物质遗产类别	风貌特征
	21	奉天机器局旧址	沈阳造币厂	1	办公楼	办公楼	1919	配套服务建筑	一般建筑
	22	陆军造兵厂南满分厂	辽沈工业集团有限公司	1	车间	车间	1939	工业设施建筑	一般建筑
	23	义隆泉烧锅	老龙口酒博物馆	1	义隆泉烧锅	博物馆展厅	1662	配套服务建筑	传统建筑
	24	奉天军械厂	沈阳黎明航空发动机集团	2	厂房	厂房	1921	工业设施建筑	一般建筑
					办公楼	办公楼	1921	配套服务建筑	中西合璧
	25	东三省官银号旧址	市工商银行沈河支行用房	1	办公楼	办公楼	1905	配套服务建筑	中西合璧
沈阳	26	南满洲铁道株式会社奉天公所	沈阳市少年儿童图书馆	1	办公楼	图书馆用房	1906	配套服务建筑	日式建筑
	27	奉天邮便局旧址	沈阳市邮政局	1	邮便局	邮政局	1914	市政服务建筑	日式建筑
	28	奉天邮务管理局旧址	沈阳中国联通	1	办公楼	办公楼	1927	市政服务建筑	日式建筑
	29	奉天自动电话交换局	沈阳网通公司	1	电话交换局	网通公司	1928	市政服务建筑	日式建筑
	30	南满洲铁道株式会社奉天瓦斯作业所	沈阳炼焦煤气有限公司	1	厂房	厂房	1922	工业设施建筑	一般建筑
	31	东亚烟草株式会社——大安烟草公司	沈阳卷烟厂	1	厂房	厂房	1919	工业设施建筑	一般建筑

城市	序号	原有名称	现有名称	遗产点数目	遗产点原名	遗产点现名	始建年代	物质遗产类别	风貌特征
抚顺	1	永安桥站	抚顺站	3	站舍	站舍	1923	交通设施建筑	日式建筑
					东泵房	东泵房	1927	市政服务建筑	一般建筑
					西泵房	西泵房	1927	市政服务建筑	一般建筑
	2	滴台火车	滴台火车站	1	站舍	站舍	1925	交通设施建筑	一般建筑
	3	水帘洞火车站	水帘洞火车站	1	水塔	水塔	1915	市政服务建筑	一般建筑
	4	章党火车站	章党火车站	1	站舍	站舍	1925	交通设施建筑	一般建筑
	5	抚顺东公园	抚顺东公园	2	大泵房	大泵房	1924	市政服务建筑	一般建筑
					榆林大泵房	榆林大泵房	1939	市政服务建筑	一般建筑
	6	老虎台矿	老虎台矿	3	办公楼	办公楼	1901	配套服务建筑	日式建筑
					车间	车间	1901	采矿开采设施	一般建筑
					蓄水池	蓄水池	1930	配套服务建筑	一般建筑
	7	西露天矿	西露天矿	1	露天矿坑	露天矿坑	1901	采矿开采设施	构筑物
	8	东露天矿	东露天矿	1	露天矿坑	露天矿坑	1924	采矿开采设施	构筑物
	9	胜利矿	胜利矿	1	斜井	斜井	1954	采矿开采设施	一般建筑

城市	序号	原有名称	现有名称	遗产点数目	遗产点原名	遗产点现名	始建年代	物质遗产类别	风貌特征
抚顺	10	龙凤矿	龙凤矿	2	竖井	竖井	1934	采矿开采设施	一般建筑
					办公楼	办公楼	1934	配套服务建筑	日式建筑
	11	抚顺电力株式会社	抚顺发电有限责任公司	1	车间	车间	1920	工业设施建筑	一般建筑
	12	抚顺炭矿西制油厂	抚顺石化公司石油一厂	1	厂房	仓库	1928	工业设施建筑	一般建筑
	13	抚顺炭矿东制油厂	抚顺石化公司石油二厂	2	专线铁路桥	专线铁路桥	1943	配套服务建筑	构筑物
	14	抚顺炭矿石炭液化工厂	抚顺石化公司石油三厂	1	车间	车间	1936	工业设施建筑	一般建筑
	15	满洲轻金属制造株式会社抚顺工厂	抚顺铝业有限公司	5	办公楼	办公楼	1936	配套服务建筑	一般建筑
					厂房	厂房	1936	工业设施建筑	一般建筑
					厂房	厂房	1936	工业设施建筑	一般建筑
					电解厂房	厂房	1936	工业设施建筑	一般建筑
					水源地泵房	泵房	1930	市政服务建筑	一般建筑
	16	铝厂印刷厂	抚顺铝业有限公司印刷厂	1	办公	办公	1954	配套服务建筑	一般建筑
	17	炭矿事务所旧址	抚顺矿业集团	1	办公楼	办公楼	1931	配套服务建筑	日式建筑
	18	抚顺石油化工厂	抚顺石油化工厂	1	储煤塔	储煤塔	1964	工业设施建筑	构筑物

城市	序号	原有名称	现有名称	遗产点数目	遗产点原名	遗产点现名	始建年代	物质遗产类别	风貌特征
鞍山	1	立山花车站旧址	立山花车站旧址	3	转盘旧址	转盘旧址	民国	交通设施建筑	一般建筑
					给水塔址	给水塔	1930	市政服务建筑	构筑物
					住宅群	灵山铁路住宅群	1940	配套服务建筑	日式建筑
	2	汤岗子火车站旧址	汤岗子火车站旧址	1	站舍	站舍	20世纪	交通设施建筑	一般建筑
	3	新开岭道	新开岭道	1	隧道	隧道	民国	交通设施建筑	构筑物
	4	昭和制钢所	鞍山钢铁集团	9	一号高炉	一号高炉	1919	工业设施建筑	构筑物
					水塔	水塔	1934	工业设施建筑	构筑物
					宿舍建筑群	宿舍建筑群	1940	配套服务建筑	日式建筑
					建筑群	建筑群	1953	配套服务建筑	中西合璧
					建筑群	建筑群	1927	市政服务建筑	构筑物
					宾馆	活动中心	1930	配套服务建筑	日式建筑
					办公楼	办公楼	1933	配套服务建筑	日式建筑
					铁路桥	内铁路桥	1931—1945	交通设施建筑	构筑物
					铁路桥	铁路桥	1931—1945	交通设施建筑	构筑物
	5	昭和制钢所运输系车辆厂	鞍钢铁路运输公司	1	办公楼	办公楼	1918	配套服务建筑	日式建筑

城市	序号	原有名称	现有名称	遗产点数目	遗产点原名	遗产点现名	始建年代	物质遗产类别	风貌特征
鞍山	6	鞍钢第二炼钢厂	鞍钢第二炼钢厂	2	平炉	平炉	1970	工业设施建筑	构筑物
					钢锭模及铸锭	钢锭模及铸锭	1970	工业设施建筑	构筑物
	7	昭和制钢所轧辊厂	鞍钢轧辊厂	2	万能生产线建筑	万能生产线建筑	1956	工业设施建筑	一般建筑
					办公楼	办公楼	1937	配套服务建筑	日式建筑
	8	鞍钢重机工具厂	鞍钢重机工具厂	1	车间建筑群	车间建筑群	1952	工业设施建筑	一般建筑
	9	昭和制钢所第一制钢厂	鞍钢第一炼钢厂	1	厂房	厂房	1933	工业设施建筑	一般建筑
	10	鞍钢焦耐院	鞍钢焦耐院	1	办公楼	办公楼	1954	配套服务建筑	中西合璧
	11	昭和制钢所钢绳工场拉丝车间	鞍钢钢绳有限责任公司	1	车间建筑群	车间建筑群	1939	工业设施建筑	一般建筑
	12	昭和制钢所变电站	鞍钢变电厂	1	01号变电站	01号变电站	1937	市政服务建筑	构筑物
	13	雄雅寮旧址	鞍钢第十五宿舍	1	办公楼	宿舍楼	1930	配套服务建筑	一般建筑
	14	井井寮旧址	五一路手机市	1	办公楼	商场	19世纪末	配套服务建筑	一般建筑
	15	昭和制铁所研究所旧址	鞍钢研究所办公楼	1	办公楼	办公楼	1934	配套服务建筑	日式建筑
	16	昭和制钢所大病院旧址	鞍钢总医院	1	医院大楼	医院大楼	1940	配套服务建筑	一般建筑

城市	序号	原有名称	现有名称	遗产点数目	遗产点原名	遗产点现名	始建年代	物质遗产类别	风貌特征
鞍山	17	鞍山满铁医院旧址	鞍山市中心医院	1	医院大楼	医院大楼	1924	配套服务建筑	日式建筑
	18	鞍山公学校	鞍钢保卫部办公楼	1	医院大楼	办公大楼	1924	配套服务建筑	中西建筑
	19	鞍钢职工大学	鞍钢职工大学	1	教学建筑群	教学建筑群	1956	配套服务建筑	中西合璧
	20	鞍钢职工住宿中心	鞍钢职工住宿中心	1	住宿建筑群	住宿建筑群	1950	配套服务建筑	一般建筑
	21	鞍钢附属企业公司	鞍钢附属企业公司	1	住宅	宿舍	1950	配套服务建筑	中西合璧
	22	沙河铁路桥旧址	沙河铁路桥旧址	1	桥梁	桥墩	民国	交通设施建筑	构筑物
	23	大孤山铁矿	大孤山铁矿	1	露天铁矿	露天铁矿	1916	采矿开采设施	构筑物
	24	西鞍山矿洞遗址	西鞍山公园	1	西鞍山矿洞	西鞍山矿洞	19世纪末	采矿开采设施	构筑物
本溪	1	大东站	本溪湖火车站	1	站舍	站舍	1905	交通设施建筑	日式建筑
	2	沈丹铁路太子河甲线桥梁	沈丹铁路太子河甲线桥梁	1	铁道桥梁	铁道桥梁	1909	交通设施建筑	构筑物
	3	安奉铁路兴隆桥	安奉铁路兴隆桥旧址	1	桥梁	桥梁	1905	交通设施建筑	构筑物
	4	桥头火车站旧址	桥头火车站旧址	1	桥头水塔	桥头水塔	1911	市政服务建筑	构筑物
	5	田师府荣桥	田师府荣桥	1	桥梁	桥梁	1931	交通设施建筑	构筑物
	6	安奉铁路桥头	安奉铁路桥头	2	隧道	隧道	1905	交通设施建筑	构筑物
					大桥	桥墩	1905	交通设施建筑	构筑物

城市	序号	原有名称	现有名称	遗产点数目	遗产点原名	遗产点现名	始建年代	物质遗产类别	风貌特征
本溪	7	本溪湖煤矿	本溪湖煤矿	4	中央大斜井	中央大斜井	清代	采矿开采设施	构筑物
					第四矿井	第四矿井	1918	采矿开采设施	构筑物
					劳工棚	住宅	1942	配套服务建筑	一般建筑
					肉丘坟	肉丘坟	1942	采矿开采设施	构筑物
	8	红脸沟煤矿	红脸沟煤矿	1	煤矿二坑	煤矿二坑	民国	采矿开采设施	构筑物
	9	蜂蜜砬子选矿场遗址	蜂蜜砬子选矿场遗址	1	厂房	厂房	民国	工业设施建筑	一般建筑
	10	本溪湖煤铁有限公司第二发电厂	本溪钢铁公司第二发电厂	2	水塔	水塔	1937	市政服务建筑	构筑物
					办公楼	办公楼	1937	配套服务建筑	日式建筑
	11	本溪湖煤铁有限公司第一铁厂	本溪钢铁公司第一铁厂旧址	3	一号高炉	一号高炉	1915	工业设施建筑	构筑物
					二号高炉	二号高炉	1916	工业设施建筑	构筑物
					厂房	厂房	1917	工业设施建筑	一般建筑
	12	本溪湖煤铁有限公司旧址	本钢电器有限责任公司	1	办公楼	办公楼	1912	配套服务建筑	日式建筑
	13	本溪湖煤铁公司事务所旧址	本钢电器有限责任公司	1	办公楼	办公楼	1912	配套服务建筑	日式建筑
	14	大仓喜八郎遗发冢	大仓喜八郎遗发冢	1	石碑	石碑	1924	配套服务建筑	构筑物

城市	序号	原有名称	现有名称	遗产点数目	遗产点原名	遗产点现名	始建年代	物质遗产类别	风貌特征
本溪	15	东山张作霖别墅	石灰石矿委员会	1	住宅	办公楼	1946	配套服务建筑	一般建筑
营口	1	太古轮船公司营口分公司旧址	美术馆	1	办公楼	美术馆	1890	配套服务建筑	日式建筑
	2	牛庄海关旧址	牛庄海关旧址	1	办公楼	办公楼	1914	配套服务建筑	日式建筑
	3	红旗村纳潮闸	红旗村纳潮闸	1	潮闸	潮闸	民国	市政服务建筑	构筑物
	4	虎庄河防潮闸	虎庄河防潮闸	1	潮闸	潮闸	1965	市政服务建筑	构筑物
	5	钟渊制纸株式会社营口工场	营口造纸厂	3	车间	车间	1958	工业设施建筑	一般建筑
					办公楼	办公楼	1936	配套服务建筑	日式建筑
					水库	水库	1958	市政服务建筑	构筑物
	6	东亚烟草株式会社旧址	营口舒爱得针织有限公司	1	办公楼	办公楼	1909	配套服务建筑	日式建筑
	7	满洲内外棉株式会社熊岳工厂	熊岳印染厂旧址	1	厂房	厂房	1938	工业设施建筑	一般建筑
	8	营口五○一矿旧址	营口五○一矿旧址	1	矿坑	矿坑	1961	采矿开采设施	构筑物
	9	东北染厂	东北染厂	1	办公楼	办公楼	—	配套服务建筑	传统建筑
	10	日本三菱公司旧址	日本三菱公司旧址	1	办公楼	商业楼	1920	配套服务建筑	日式建筑

城市	序号	原有名称	现有名称	遗产点数目	遗产点原名	遗产点现名	始建年代	物质遗产类别	风貌特征
营口	11	牛庄邮便局旧址	牛庄邮便局旧址	1	办公楼	办公楼	清代	配套服务建筑	传统建筑
铁岭	1	铁岭火车站	铁岭火车站	3	站舍	站舍	1913	交通设施建筑	中西合璧
					水塔	水塔	1913	市政服务建筑	构筑物
					站前住宅	站前住宅	1913	配套服务建筑	一般建筑
	2	开原驿	开原火车站	1	站舍	站舍	1901	交通设施建筑	一般建筑
	3	巨源益酒窖	巨源益酒厂	1	烟囱	烟囱	清代	工业设施建筑	构筑物
	4	昭和制钢所水管线	昭和制钢所水管线	6	水管	水管	1933	市政服务建筑	构筑物
					5号水井房	5号水井房	1935	市政服务建筑	一般建筑
					9号水井房	9号水井房	1935	市政服务建筑	一般建筑
					11号水井房	11号水井房	1942	市政服务建筑	一般建筑
					12号水井房	12号水井房	1943	市政服务建筑	一般建筑
					14号水井房	14号水井房	1944	市政服务建筑	一般建筑
	5	满铁铁皮水塔	满铁铁皮水塔	1	水塔	水塔	1919	市政服务建筑	构筑物
	6	满洲麻纺织株式会社	辽阳麻纺织厂	1	厂房	厂房	1937	工业设施建筑	一般建筑

城市	序号	原有名称	现有名称	遗产点数目	遗产点原名	遗产点现名	始建年代	物质遗产类别	风貌特征
铁岭	7	满洲火药株式会社辽阳火药制造所旧址	辽阳市宏伟区曙光镇峨嵋村结核病院	1	厂房	厂房	1937	工业设施建筑	一般建筑
	8	金家原日本煤铁矿	金家原日本煤铁矿旧址	1	办公楼	办公楼	1932	配套服务建筑	日式建筑
	9	弓长岭露天铁矿矿山	弓长岭露天铁矿矿山	1	矿坑	矿坑	1949	采矿开采设施	构筑物
	10	满洲碳矿株式会社烟台采矿所	辽阳灯塔采矿厂	1	厂房	厂房	1934	工业设施建筑	一般建筑
阜新	1	阜新驿火车站	阜新火车站	1	站舍	站舍	1938	交通设施建筑	日式建筑
	2	阜新矿务局海州露天煤矿	阜新矿业集团海州露天煤矿	2	矿坑	矿坑	1950	采矿开采设施	构筑物
					办公楼	办公楼	1951	配套服务建筑	中西合璧
	3	伪满阜新炭矿株式会社水厂	阜新自来水公司	1	西山水塔	西山水塔	1936	市政设施建筑	构筑物

附表 III　沈阳经济区工业遗产产业类别划分统计表

核心属性	行业门类	行业类别细分	典型代表企业	遗产数目	产业遗产总数	行业占比	产业占比
能源工业	采矿业	煤矿开采、石油开采、金属（非金属）矿开采	西露天矿	42	58	18.99%	27.93%
	电力燃气和水的供应	火力/水力发电厂、水的供应处理	抚顺发电厂	16		8.94%	
原材料工业	石油加工炼焦及核燃料加工业	原油制造加工、化工燃料制造	抚顺石化公司石油一厂	10	34	3.35%	16.20%
	黑色、有色金属冶炼及压延加工业	金属冶炼钢、铁加工及压延加工业	鞍钢集团	11		5.59%	
	化学原料及化学制品制造业	碱、橡胶、油漆制药等	沈阳化工股份有限公司	13		7.26%	
加工制造业	机械、专用设备制造业	军工、专业设备、通信设备、交通设施、陶瓷用品制造	沈阳机床集团第一机床厂	40	61	18.44%	30.17%
	造纸、印刷业	纸浆、纸板容器制造业、报纸印刷	营口造纸厂	8		4.47%	
	饮食品加工业	食品、饮料、烟草制造业	八王寺饮料有限公司	7		3.91%	
	纺织业	棉、化纤纺织及成品制造业	沈阳纺织厂	6		3.35%	
工业相关产业	交通运输业	铁路、水路、公路运输	沈阳站	31	54	16.20%	25.70%
	邮电通信业	邮电局、通信局	奉天邮便局旧址	4		2.23%	
	公共服务设施	教育、办公、仓储	雄雅寮旧址	11		6.15%	
	居住生活设施	宿舍、住宅	铁西工人村	8		1.12%	

附表Ⅳ　沈阳经济区工业遗产产业类别划分统计表[①]

等级划分（总数）	保护利用实际价值评价	历史给予本体价值评价			
		很高 （70及以上） A	高 （56~70分） B	一般 （35~55分） C	较低 （35分以下） D
Ⅰ (45)	很高 （70分以上）A	沈阳：沈阳铸造厂、义隆泉烧锅、奉天八王寺汽水啤酒酱油股份有限公司 抚顺：老虎台矿、西露天矿、龙凤矿、抚顺炭矿西制油厂、抚顺炭矿东制油厂 鞍山：大孤山铁矿、昭和制钢所、鞍钢第二炼钢厂 本溪：本溪湖煤矿、本溪湖煤铁有限公司旧址 营口：太古轮船公司营口分公司旧址、钟渊制纸株式会社营口工场、营口盐场 辽阳：弓长岭露天铁矿矿山 阜新：海州露天煤矿	沈阳：奉天纺纱厂、满洲住友金属株式会社、满洲麦酒株式会社、奉天机器局旧址、南满洲铁道株式会社奉天公所、奉天邮便局旧址 抚顺：东露天矿、抚顺电力株式会社、炭矿事务所旧址、抚顺特殊钢厂 鞍山：昭和制钢所运输系车辆厂、鞍钢重机工具厂、大东站、桓仁发电厂、南芬露天铁矿、歪头山铁矿 营口：营口港区、营口五〇一矿旧址、东北染厂、日本三菱公司旧址、大石桥菱镁矿 铁岭：开原驿 辽阳：辽阳化工炼油厂	沈阳：康平三台子煤矿、红阳煤矿 本溪：桥头火车站旧址 铁岭：铁法矿务局大隆煤矿	无

①此表在原始统计数据的基础上有所增减，仅供参考。

等级划分	保护利用实际价值评价	历史给予本体价值评价			
		很高（70分以上）A	高（56~70分）B	一般（35~55分）C	较低（35分以下）D
Ⅱ(86)	较高（56~70分）B	沈阳：辽宁总站、奉天肇新窑业公司、奉天军械厂 抚顺：抚顺炭矿石炭液化工厂、辽宁发电厂 鞍山：昭和制钢所轧辊厂、雄雅寮旧址、井井寮旧址 本溪：本溪湖煤铁公司事务所旧址 营口：牛庄海关旧址	沈阳：永安铁路桥、铁西工人村、南满铁道株式会社、奉天公署自来水厂、大享铁工厂旧址、奉海铁路局、杨宇霆电灯厂、陆军造兵厂南满分厂、奉天军械厂、南满洲铁道株式会社奉天瓦斯作业所、东亚烟草株式会社——大安烟草公司、株式会社满洲日立制作所、日资满洲汤线株式会社、沈阳鼓风机厂/国营112厂、东北航空处 抚顺：滴台火车站、胜利矿、满洲轻金属制造株式会社、红透山铜矿、抚顺煤矿电机厂、新抚钢厂 鞍山：昭和制铁所研究所旧址、鞍山公学校、东鞍山露天铁矿、昭和制钢所第一制钢厂、鞍山制铁所骸炭工场、鞍钢焦耐院、昭和制钢所钢绳工场 本溪：沈丹铁路太子河甲线桥梁、本溪湖煤铁有限公司、东山张作霖别墅 营口：牛庄邮便局旧址、营口纺织株式会社、锅底山铁矿 铁岭：铁岭火车站、铁法矿务局大明煤矿 辽阳：昭和制钢所水管线、满洲碳矿株式会社烟台采矿所、寒岭铁矿区	沈阳：新大陆印刷株式会社、东北制药总厂、中捷友谊厂 抚顺：章党火车站、抚顺石油化工厂、抚顺制纸株式会社、浑河大伙房水库发电厂 鞍山：立山花车站旧址、汤岗子火车站旧址、鞍钢职工大学、沙河铁路桥旧址、鞍山炼油厂、安奉铁路兴隆桥、安奉铁路、北台钢铁厂、北台山铁矿、西岔铅矿、田师傅矿、暖河子煤矿、牛心台矿、石灰石矿 铁岭：铁法矿务局晓明煤矿、铁法矿务局小青煤矿、柴河铅锌矿 本溪：西营盘煤矿、新寒岭火车站、满洲麻纺织株式会社、金家原日本煤铁矿 辽阳：辽阳造纸机械厂、宝镜山石灰石成矿区 阜新：阜新驿火车站、伪满阜新炭矿株式会社水厂、阜新矿务局东梁矿、阜新发电厂	田师府荣桥

等级划分	保护利用实际价值评价	历史给予本体价值评价			
		很高 （70分以上） A	高 （56~70分） B	一般 （35~55分） C	较低 （35分以下） D
Ⅲ (46)	一般 （35~55分） C	鞍山：永安桥	沈阳：茅古甸站、满洲北陵水厂、满洲曹达株式会社奉天工厂、满洲农产化学工业株式会社奉天工厂、奉西机场附设航空技术部野战航空修理厂、满洲藤仓工业株式会社、东京芝浦电气株式会社奉天制作所、三菱机器株式会社 营口：东亚烟草株式会社旧址、侵华日军关东军三八三部队变电所	沈阳：沈阳电缆厂、东洋金属机工株式会社、沈阳弹簧厂、奉天迫击炮厂、合资会社满洲工业所、法库三家子煤矿 抚顺：水帘洞火车站、抚顺东公园、抚顺化工厂、抚顺水泥厂、抚顺矿务局机械厂 鞍山：昭和制钢所大病院旧址、鞍钢职工住宿中心、鞍钢附属企业公司、小黄旗铅矿冶炼厂、昭和制钢所变电站 本溪：红脸沟煤矿、蜂蜜砬子选矿场遗址、青城子铅锌矿 营口：营口化学纤维厂、辽海印刷厂 铁岭：满洲豆秸株式会社开原工厂 辽阳：寒岭火车站、满洲林产化学工业株式会社辽阳工厂 阜新：阜新冶金备件厂	沈阳：满洲航空株式会社 抚顺：抚顺起重机总厂 本溪：温泉寺火车站 辽阳：侵华日军陆军造兵厂第二制造所、满洲水泥株式会社辽阳工厂

等级划分	保护利用实际价值评价	历史给予本体价值评价			
		很高（70分以上）A	高（56~70分）B	一般（35~55分）C	较低（35分以下）D
Ⅳ(30)	较低（35分以下）D	无	沈阳：奉天自动电话交换局 营口：满洲内外棉株式会社熊岳工厂	抚顺：铝厂印刷厂 辽阳：新开岭道 鞍山：鞍山满铁医院旧址 营口：红旗村纳潮闸、虎庄河防潮闸、满洲化学工业株式会社营口工场、国营营口染织厂、私营聚发铁工厂 铁岭：巨源益酒窖、烟台煤矿 阜新：阜新制作所旧址、八道壕煤矿	沈阳：沈阳风动工具厂、中山钢业所、满洲制纸株式会社、大阪静机工业所、满洲珐琅合资会社 抚顺：红砖一厂 鞍山：仙人咀西山铅矿旧址、庙宇岭萤石矿遗址 本溪：大仓喜八郎遗发冢、大岭隧道 营口：亚细亚石油公司旧址、北大砬子铁矿旧址、大荒沟菱镁矿 铁岭：原昌图农机修造一厂旧址 辽阳：满洲火药株式会社辽阳火药制造所旧址、满蒙棉花株式会社辽阳工厂 阜新：阜新仪器厂

附表Ⅴ　工业遗产集聚区现存状况统计表

城市	编号	工业遗产集聚区	布局模式	历史文化	有无核心遗产	工业遗产数量/个	规模范围/公顷
沈阳	1	铁西重工业集聚区	大中型企业集聚模式	"一五""二五"时期东北重工业的发展与崛起	有	13	15–17
	2	奉天驿沿线工业集聚区	交通沿线集聚模式	中东铁路变迁史及近代辽宁民族工业兴起	有	9	8–10
	3	大东军工集聚区	大中型企业集聚模式	近现代辽宁省军工、机械制造工业发展	有	13	18–20
	4	康平地区煤矿集聚区	资源开采分散点模式	康平地区煤矿资源开采加工史	有	2	3–5
抚顺	5	望花重工业集聚区	大中型企业集聚模式	近现代辽宁石化工业发源地及大型设备加工制造地	有	8	7–10
	6	浑河南岸矿产开发集聚区	矿产工业集聚模式	近现代辽宁煤矿资源开采、加工的发源及发展史	有	11	50–53
	7	东洲河沿线石化工业区	大中型企业集聚模式	以石化三厂为主的集选矿、生产、冶炼、出口为一体的石油化工科技产业	有	1	12–15
	8	浑河尾端电力发电集聚区	大中型企业集聚模式	中华人民共和国成立后辽宁火力、水力发电发源地及沈抚主要发电供电区域	无	3	5–8
辽阳	9	白塔纸业制造集聚区	大中型企业集聚模式	辽宁省机械造纸技术发源地	无	3	2–4
	10	太子河南侧化工集聚区	大中型企业集聚模式	太子河地区重要石化生产加工地之一	有	3	5–7
	11	庆阳军工生产区	大中型企业集聚模式	我国最大的军工火炸药生产基地	有	1	8–10
	12	宝镜山石灰石矿开采区	资源开采分散点模式	中华人民共和国成立后辽阳大型石灰石开采区	无	1	5–7

城市	编号	工业遗产集聚区	布局模式	历史文化	有无核心遗产	工业遗产数量 / 个	规模范围 / 公顷
辽阳	13	寒岭铁矿区	资源开采分散点模式	辽阳重要的铁矿开采地	无	3	6-8
	14	弓长岭铁矿集聚区	矿产工业集聚模式	辽宁省历史最悠久和开采量最大的铁矿区	有	2	25-30
鞍山	15	沙河北岸机械工业集聚区	交通沿线集聚模式	以中东铁路立山花车站为交通枢纽进行机械加工制造生产	无	4	5-8
	16	鞍钢集团工业生产集聚区	大中型企业集聚模式	从日本建立昭和钢制所到现今鞍钢集团的百年钢铁冶炼加工史	有	8	18-20
	17	鞍钢集团生活服务集聚区	中小型企业分散模式	百年鞍钢集团的悠久历史	有	12	6-8
	18	东鞍山铁矿开采区	资源开采分散点模式	鞍钢制铁重要的铁矿原材料地,开采历史悠久	无	1	3-5
	19	大孤山铁矿开采区	资源开采分散点模式	辽宁乃至东北著名的百年铁矿开采区域,资源供应全国,有"十里铁山"的美誉	有	1	12-15
本溪	20	歪头山铁矿开采区	资源开采分散点模式	开采历史悠久,是本钢铁矿基地之一	有	1	10-12
	21	本溪湖煤矿开采区	资源开采分散点模式	本钢百年重要的煤矿资源开采区	有	1	1-1.5
	22	本溪湖煤铁公司集聚区	大中型企业集聚模式	百年本溪钢铁冶炼的发展历程及工业技术中心	有	6	2-4
	23	石灰石矿开采区	资源开采分散点模式	本钢重要的大型石灰石矿开采区	无	1	1-2
	24	太子河南岸钢铁加工区	大中型企业集聚模式	本溪湖钢铁公司重要的铁矿加工生产区	有	1	5-7

城市	编号	工业遗产集聚区	布局模式	历史文化	有无核心遗产	工业遗产数量/个	规模范围/公顷
本溪	25	北台铁矿开采加工集聚区	矿产工业集聚模式	本溪重要的铁矿开采加工冶炼钢铁区	无	2	8-10
	26	南芬区铁矿开采区	资源开采分散点模式	开采历史悠久，本钢规模最大的露天铁矿开采基地	有	1	15-18
营口	27	营口造纸化工集聚区	大中型企业集聚模式	历史悠久，全国乃至亚洲大型造纸加工基地	有	2	2-4
	28	大辽河沿岸轻工业集聚区	中小型企业分散模式	辽宁省最先进行工业发展的地区	有	9	5-7
	29	营口制盐化工工业集聚区	大中型企业集聚模式	百年历史辽宁最大的露天制盐区	有	1	25-30
	30	大石桥菱镁矿开采区	资源开采分散点模式	营口乃至全国重要的大型菱镁矿供应基地	有	1	5-7
铁岭	31	铁法煤矿开采集聚区	矿产工业集聚模式	铁煤集团大型密集的矿产开采基地之一	有	4	25-30
阜新	32	海州露天矿产集聚区	矿产工业集聚模式	阜新重要的煤炭资源供应地及煤矿加工地，全国最大的露天开采区	有	4	28-30
	33	东梁矿开采区	资源开采分散点模式	阜新重要的煤炭供应地之一	无	1	16-18